ENVIRONMENTAL DESIGN 家具设计

普通高等教育"十一五"国家级规划教材　高等院校环境艺术设计专业规划教材

⊙ 王书万　编著

中国建筑工业出版社

图书在版编目（CIP）数据

家具设计/王书万编著. —北京：中国建筑工业出版社，2007
普通高等教育“十一五”国家级规划教材. 高等院校环境艺术设计专业规划教材
ISBN 978-7-112-09416-5

Ⅰ.家… Ⅱ.王… Ⅲ.家具－设计－高等学校－教材 Ⅳ.TS664.01

中国版本图书馆CIP数据核字（2007）第121059号

本书作为高校环境艺术设计专业规划教材，紧密结合高校教学的条件与特点，结合教学过程、教学资源、课程目标而编写。内容主要包括：家具概论、古今家具一瞥、家具与时代、语义的注入、家具构造与尺寸、家具语义传达与案例、陈设中的综合因素等，以此为线索展开对家具设计的各方面因素进行分析，阐述其规律，展望创意的方法。

本书语言简明易懂，由浅入深，扣紧该专业的专业性、方向性，并结合室内空间环境 拓展家具设计的可塑空间，注重工程技术与实际生产工艺的链接，图文并茂。本书可作为高等院校环境艺术设计、家具设计、室内设计等专业的教材，也可供室内设计与家具设计行业的设计师学习、参考使用。

责任编辑：张 晶 王 跃
责任设计：崔兰萍
责任校对：王 爽 陈晶晶

普通高等教育“十一五”国家级规划教材
高等院校环境艺术设计专业规划教材
家具设计
王书万 编著
*
中国建筑工业出版社出版、发行（北京西郊百万庄）
各地新华书店、建筑书店经销
北京嘉泰利德公司制版
北京京华铭诚工贸有限公司印刷
*
开本：880×1230 毫米 1/16 印张：8¼ 字数：200千字
2008年1月第一版 2020年4月第九次印刷
定价：30.00元
ISBN 978-7-112-09416-5
（16080）

序 1

当代科学的发展，尤其是生物学、遗传学、核物理、天体物理以及人工智能等方面的突破，使人们还来不及适应它，它却又向更深的领域跨越。人类生产、科学实践，自然也包括设计的范围、内容、广度、深度的骤增，在信息交流、储存技术的渠道、方式、速度、效率的发展，使得信息量急剧的膨胀，都使原有的生产管理体制、文化艺术、道德、思维几乎容纳不下这种时间、空间的变化了。科学与艺术的合流、自然科学与人文科学的合流已成了不可逆转的必然。

工业时代的科学乐观主义开始变得小心谨慎与信心不足了，人类自身冲击自然的能力反而使人类感到越往前走可能遇到的"无知陷阱"就越多。就如同一个越来越大的圆与外界相连的空间也越来越大，越来越无边际。人类必须学会在行动之前更全面地探测危机的本领，这就是说人类行为的决策，也可以说"设计"的功能已被提高到经济管理、社会管理和人类未来生存方式的高度上来了。当今社会对设计的需求已不限于对单个产品的造型、色彩、装饰的改进，它已开始突破传统"物"的范围，对整个社会，即所有人为事物的复杂系统负责，这个设计的道德使设计教育的责任和任务也涉入了产品结构、产业结构、生态平衡、生存环境、生存方式和伦理道德的范畴了，即系统化了的大科学观、大社会观。

当人类的追求比较简单时，决策的任务只是告诉人们"怎样去做"，而当人类的追求比较复杂时，追求什么样的目标本身已需要经常进行复杂的交叉研究后才有可能弄清时，科学的责任就不仅是告诉人类"怎样去做"，也不仅告诉我"为什么"能那样做，更为重要的是引导我们去思考，丢弃约定俗成的提法或时髦的新概念，弄清事物的本质，决定"应该去做什么"，然后还要"做什么"。

王书万编著的《家具设计》教材运用了较科学的方法，又尝试实验性的教学内容与方法，可以说，不仅是一本教材，亦是研究传统与现代结合的实践。愿借此序与设计教育界同事共勉！

柳冠中

2007 年 2 月 25 日

序 2

讲现代家具设计，能够很好地结合我国传统的文化资源，体现非物质精神并导入现代设计的方法和丰厚的内容里，是一种值得鼓励和肯定的尝试，这是应对新时代需求的最好回应。

明式家具近代以来愈益受到推崇，究其原委固然有明式家具本身审美与功能高度完美的原因，但还有另一层原因，那就是日趋崇尚简约的时代风尚在起作用，有时候我甚至觉得后一种作用的影响更大。我支持一切历史都是现代史的观点，我甚至认为历史在可认识的视域里其实都可以理解为当代的一部分，它们与现实存在的自然，以及正在发生的事物一样，都是当代人可以凭借，可以感知，可以参照，可以直接面对的存在，亦如眼前轻轻飘过的一朵白云，牵动着你的情感与寄托，所有存在或者存在过的事物，都同样与你很近，与你一同呼吸，与你一起考量和思索生命与生存的意义，感受你的快乐与寂寞。

但是，从另外的意义上讲，已经成为过去的事物并不真的能够平行地移至现实中来。时间不能逆转，历史并不能重复，为无数偶然激荡融合而形成的历史情境，没有什么力量足以使其重来一次。因此，历史依然是历史，如同明式家具，在认识的层面上，它的完美能够承载最夸张的赞许，而且一点不会过分；但如果原封不动的将其视为时尚，亦将命定地遭遇尴尬，除非你能够倒回明朝，过一种与明朝人完全相同的生活。但这无异于一个幻觉，它们是不能期待，亦不可期待的。

王书万的这本书就是以这样的理念为前程的。他希望通过对中外传统家具元素的“解构”，重建今日家具的格局，使今日家具的格局具备明代家具同样完美的境界与功能。其实这一愿望并不奢侈。明式家具是一个开放的系统，它的审美与功能的原则具备今天的人们从现实的需要出发对其进行重建的可能。需求本身就是设计，我赞赏王书万的努力。

杜大恺

2007 年 1 月 22 日

引 言

我这本书的目标：不限于分析家具设计的过程与面貌，而在于鼓励人们探索创造新的设计途径；它是实验的开端，不限于传授知识；更强调引人研究和实验。

多年来，有一个问题一直萦绕于怀，那便是我们应持怎样的态度与观念面对传统与现代，面对国内与国外的设计文化资源。一方面我们要大力弘扬和保护我国传承至今的非物质设计文化，包括明式家具文化、工艺材料与经济价值；另一方面，我们同样担当一个再创造、再发现、再整合的责任。只有这样，我们才谈得上是以积极的态度弘扬祖国文化。弘扬，必须以建全的认识保护、创造与传播，以应对数字新时代的多元需求的人居、环境、生活形态和方式。于是，认知、创造与弘扬便成为本书的目标动因。运用符号学、解构法、图像学和心理学的综合法应对发展中的问题，它应当不止于分析，更在于探索创造新方法、新思维和新措施。

1. 回顾与思考

在我国传统的优秀文化遗产（非物质文化）中，明式家具也不例外地伴随着历史的步伐，社会生产力的进步，传承着文明积淀不断地熠熠生辉，翘楚于世界手工艺造物国度里，魅力穿越时空。

明式家具（也包括瓷器），于明代就备受帝王宠爱，达到鼎盛并自成完善体系。它与人居生活有着千丝万缕的联系。一把椅子是人居生活的启蒙肇始，是室内空间设计的第一步。对于它的了解，我们试通过文献调研、实证、图像学等方法都可以得到无尽的信息。比如《周礼·考工记》、《天工开物》、《淮南子》、《园冶》及历史名画、工艺美术典籍以及历史文献都可以让我们认清本源。

在该领域中，较早地用现代方法研究的学者是北大的杨耀教授，而另一位则是王世襄先生。其间其后也有不少学者、爱好者为“红木”家具文化研究添砖加瓦，这无疑是重要的，大家共构了成熟的研究基础。特别是王世襄先生从文化学的角度切入并系统地考证。他于1985年在香港三联书店出版的《明式家具珍赏》使国内外对中国古典家具的关注与收藏达到空前高度。

但是，却少有人努力于研究如何再创造和拓展的问题，因为虽然有不少人也认为有价值，但如此做，困难重重。然而时代需要我们知识创新、知难而上。于是怀着兴趣，我开始深入研究。旨在让其与现代设计，特别是与西方现代设计加以整合，从中梳理出应对当今生活形态和需求的、开放的和可持续的系统观，提升其应用前景和教学价值。

2. 问题的析出与研究方法

一方面由于明式家具自身的完美呈现和历史积淀，在人们心中的认可价值和市场价值都已成定局，在世界范围内独一无二，成为我国文化瑰宝而独具魅力。改革开放后中国家具市场一片繁荣，但其背后，在仿造、复制明清家具蔚然成风抑或赝品横流之时，一些问题亦浮出水面：(1) 红木选材：紫檀、黄花梨、铁梨、鸡翅、酸枝、乌木、楠木等都非常稀有，尤其紫檀、黄花梨愈来愈少，原木生长极慢（数百年）、极少，仅印尼、南洋、南非、广东等少植。(2) 制作样式、工艺没有新创造，对木料的选材、体量要求都有苛刻的条件，且浪费不少。(3) 对文化的输出存在一个线性的惯式，如收藏、复制、保养等。我以为这里还应有第二、第三条线路可供我们探索，即创造一套改良与变化的方式，使文化输出具有新维度。

首先，我们应当看清人们收藏和使用目的情由无非有三点：(1) 红木选材的贵重、稀有和经济价值。(2) 是造型的文脉感与中国历史情结。(3) 传统非物质文化与人文涵义。需知，这三点价值的前两点都可以使我们运用现代设计理念和工艺加工技术加以新的释解，或说创造性地整合。构建积极、多维意义和市场及教学双维价值。

另一方面就世界范围来看，在新技术、新材料、新工艺的冲击下，国际市场一体化的进程加速，新经济概念的渗透，对多元化的设计理念产生逼迫，不断地影响着我们的生活方式、情境和需求朝着多元化、个性化的格局迈进。这就要求我们胸怀全局，放眼国际。既要视振兴民族产业为己任，又要创造顺应国际化潮流的新产品，更要树立引领世界潮流的勇气与信心。这是我们勿应忽视的重要问题。

我的研究方法以图像学、文献学、比较学、心理学、符号学、事理学、认识同宜法等综合实证方式来研究家具。

3. 解决的办法与理由

有鉴于红木选材贵重、稀有和它的原生态属性之局限，我们可以将其资料扩展，即间接循环和节省耗材，使木料的利用率大幅度提高。在世界设计潮流和市场化的影响下，我们采取多元的理念，运用符号学的方法等将设计功能多样化、系列化，形态艺术化和非物质化，最终获取创新的合理空间，构建新的和谐的物质理想。

其要点如下：

(1) 减少用料的体量，将榫卯结构的隐性工艺、节点，显露、放大和序列化，并以现代材料如铝、亚克力塑料进行插接（连接），从而大大减少消耗红木的体量，甚至耗材中的“废料”也可以变废为宝。这样的方法是积极的，既可以保持原造型风貌，又可以新创造。

(2) 中国文脉感与情结，是在分析人为事理、文化、工艺的基础上与现代设计理念相联系并探索新形式、新工艺、新美学和非物质文化价值。

4. 实验的措施与姿态

作为实验，我们在这里主要留给大家是一种思维方式或提示。因为实验本质是未尽的事业，一方面，我们的思维开放后，可能将找寻到许多新工艺方法，包括现代工艺、机械加工的新技术；另一方面，新材料在高新技术条件下能达成许多目标，这些新材料与新工艺对于红木料的节省及明式家具的发展都有可供人们探索的广阔空间与可行性。

我们需要勇气和智慧。古代“工匠”与文人创造的精神资源应当不止于鼓舞我们模仿学习已有的辉煌，更教导引领去构建无限的内涵，因为古人正是这样去做的，并且已经将那个时代的资料整合到了极致。

5. 意义良多的实验空间与价值

实验！在过去意味着实践与创造，而今天依然同理。实验在于分析、考证，归纳信息、整合与导引出无限空间存在的内涵；实验亦逼迫人们创新和构建新理念、新美学经济和文化价值。

实验空间：(1) 古典家具重“道”观和“天人合一”观，这就为我们开启了一扇洞察广阔天地的窗户。比如与自然相关的材料利用并整合至象征社会意识的符号寓意中，以此研究、实验和探索。

(2) 注重古代家具与传统木构建筑园林元素的符号联系（语义、语构、语用）和木制结构元素的通用，并上溯到7000年前的河姆渡文化：如“干栏式”榫卯连接，殷商出现的“井干式”结构及平面柱网格构成，西周采用“栌斗结合柱、梁”的建制，与成熟的栌斗的栱、昂组合铺作复杂形式（是斗栱程式的基础）相呼应考量。王世襄认为“……北宋时期在家具上出现的束腰，是从建筑须弥座（石础及装饰）移植过来的。”此言不谬。

(3) 文人、画家、建筑师（古称匠人能工）的积极参与是我们洞悉红木家具形式、风格、语义、审美、经济、文化、设计等的更为深刻而具体的研证之途。是探索与创造的切入点和多通道的路径。如江南地方志书中所记载造园名家有：计成、李渔、朱三松、道济、王石谷、戈裕良等人；一定程度参与的书画家还有文征明、马远、董其昌、王时敏，以及“扬州八怪”或称十五怪（已故著名美术史论家俞剑华分类）等。

(4) 由于现代家具在材料工艺上的革新，使我们能够巧妙地整合一切资源，通过嫁接、解构形态和功能形式，最大限度地创造新形态、新物质和新材料整合的新语汇。

6. 本书方向与思路

用最新研究方法综合比量，这些做法无疑是珍贵的。如运用图像学、心理学与符号学相联系，与设计学诸理论相联系等，吸收二战以来意大利、北欧及美国在家具设计上的宝贵经验。这就为本书找到了突破的缺口。此外，本书还尝试构建现代与解构古典家具的实验，在此希望更多的人也来研究，以不辜负新时代的需要，珍视、聚焦于一个关涉教育、生产、文化、美学、设计艺术的新需求中。

目　录

序 1

序 2

引言

第 1 章　概念

1.1 家具的概念与含义　2

1.2 家具与室内设计　3

1.3 色彩与家具　4

思考与练习　6

第 2 章　古今中外家具简介

2.1 家具风格与成因　8

2.2 中国传统家具元素　9

2.3 外国传统家具元素　12

2.4 现代家具　16

思考与练习　20

第 3 章　家具与时代

3.1 今天的家具语言　22

3.2 广泛的家具内涵与产品　24

思考与练习　26

第 4 章　语意的注入

4.1 心理注入（符号导入）　28

4.2 物理注入（现实实现）　33

4.3 实现与条件分析　41

思考与练习　43

第 5 章　家具构造与尺寸

5.1 人机与行为　46

5.2 常用尺寸　52

5.3 人机构造与材料　54

5.4 居室空间的置入　66

思考与练习　70

第 6 章　家具语意传达与案例

6.1 符号导入　72

6.2 隐喻与情感（形与色）　76

6.3 语构与材料（肌理、美感）　79

思考与练习　85

第 7 章　陈设中的综合因素

7.1 陈设中的语意扩展　88

7.2 陈设中语意统一　89

思考与练习　93

第 8 章　创意导引：概念拼合的途径

8.1 同宜法　96

8.2 事理导引　102

8.3 解构与重构　104

8.4 仿生的历程　106

8.5 游戏与实现　112

思考与练习　120

后记　121

参考文献　122

第1章 概 念

第1章 概 念

家具（Furniture），就字面意义系指室内生活空间所需用的系列用具，它使室内产生具体必要的设施，是主体集合角色，是在功用、非物质、美学经济及工艺、材料、制造、市场等诸多条件的制约下产生的方案总称。

1.1 家具的概念与含义

家具设计，为人们设计生活、工作、社会交往活动所不可缺少的必备用具，它以满足人们生活需要为目标，追求时尚与理想的双重条件，成为设计原创的外部主要因素。它兼顾不同社会发展历史阶段中的时代、民族文化的需求特征。家具的使用功能、工艺技术、非物质造型美及市场因素是构成设计成品的四个基本要素，它们构成有机的整体，为人们创造美好的生活方式和情境。

家具作为人们生活品质和社会活动不可缺少的用品，它的综合适用性是首要的，倘使用功能不合理，即使造型再美，也只能当作陈设品；但是家具也有很高的艺术性要求，单有合理的使用功能而缺乏艺术美的家具将失去应有的市场价值和使用客户。在家具设计中，形式美是从协调其功能的合理性而提炼显现出来的。如优美的座椅造型，是根据人体坐姿行为、活动空间、尺度、角度来确定座椅形态的。因此，形式美中包含有功能调和的因素，外部和内部的因素，这里涉及功能与形式的辨证关系。形式由功能产生但又高于功能，在保证功能的前提下，运用造型规律，使功能在美的形式中得到体现和提升。形式本身也能创造功能。同时，材料与结构也是构成家具物质技术的关键基础，各种不同材料由于其理化性能不同，因此成形方法、加工形式及材料尺寸、形状也不尽相同，由此产生的形态也绝然不同。如明式红木家具的稳重、硬朗、简约、舒适；现代钢制家具的轻便、坚固；塑料家具的光滑、艳丽、透明等。一句话，设计者必须了解材料的性能及其加工工艺，才能充分利用材料的特性创造出既新颖又合理的款式。特别是当一种新材料出现时，我们必须研制新的加工工艺和新的结构形式，至此，一种崭新的形式也就相应出现了。如玻璃钢、亚克力等新型材料在家具中的广泛应用，及塑料的浇注工艺或发泡工艺的应用，产生了整体浇注型的坐椅或沙发等，就出现了异化、曲面结构的新型家具。

家具也是一种具有物质功能与精神功能的工业产品，在满足日常生活使用功能的同时，又具有满足人们审美心理需求和营造环境气氛的作用。受市场流通的制约，它的实用性与外观形象直接影响到人们的购买行为。这里，造型能最直接地传递美的信息与功能，通过视觉信息和对形体的感知，激发人们愉快的情感使人们产生购买欲望。因此，家具造型设计在商品流通的环节中成为至关重要的因素，是产品设计的核心。一件好家具，是在造型美和使用方式、结构创意、生态意识等设计的统领下，实现材料、功能、美的超物质的最优化配置。

家具设计还需要我们研究语言的"群众性"、"民族性"、"时代性"、"多元性"、"装饰性"、"适应性"市场等。为此，必须深入调查研究，细心地观察、体验时代生活的特征。这具有广泛的社会意义。

1.2 家具与室内设计

家具设计是室内设计的核心，它们是室内空间设计的第一步。

家具存在于居室生活空间，服务于人的生活，随着社会文明的进步和发展及居家住宅空间的改善，家具的功能、类型、材料、结构及理念等都在不断发生着变化。它作为室内设计中的一个重要组成部分，受到人们的关注和重视。因为，室内设计的目的是为人们创造一个更为舒适的工作、学习和生活的环境，在这环境中包括顶棚、地面、墙面、家具及其他陈设品，其中家具显然是空间与陈设的主体。

家具在居家环境中具有两个方面的意义；一是它的实用性，它对室内人与人的各种活动关系的影响最密切，使用频率最高。现代家具，有些已经做成了固定式，如厨房家具，它已渗透为主要角色，其本身造型和它的布置形式给室内环境带来了舒适的氛围，并且创造了相当的观赏价值。如明代家具作为陈设艺术品，它的使用功能已成为次要的，而精神功能成为主要的，它传达了一种民族文化的环境心理。

家具作为室内设计整体中的要素，其好坏与否，应该放置在特定的室内环境中去评价它。不同的室内环境要求不同的家具造型风格，政治性、纪念性场地、商场，酒店建筑的室内设计显然是不同的。丰富多彩的生活环境就要求形式多样的家具造型来烘托室内的气氛，此外，家具的体量、尺度也要同空间的尺度相适应，这是不容忽视的。

家具在室内环境中能有效地组织空间，为陈设提供了一个限定的空间，它就是在这个有限的空间中，在以人为本的前提下，合理地组织和安排室内空间设计，满足人工作、生活方式多样的需求。

色调在家具与室内的组合、配置中也十分重要。一组色调明亮的沙发会令使用者精神振奋，从而引起人们视觉、心理的愉悦和舒适感。另外在室内设计中，常以家具织物的调配来构成室内色彩的调和或对比。如儿童房，常将床上织物与坐椅织物、图形及窗帘等组成统一的色调或不同的色调，甚至采用统一的图案纹样或由规律的对比色调的重复来取得整个房间的和谐氛围，以创造宁静、宜人、明亮的色彩环境。

1.3　色彩与家具

色彩是家具造型的重要方面，一个完美的造型是综合了形、色和肌理的美而产生的。家具的色彩由色相、明度、对比度三要素所构成，三要素的不同组合变化，使物体产生千变万化的色彩效果。

家具色彩主要指体现在木材的固有色，家具表面涂饰的油漆色，覆面材料的装饰色，金属、塑料、玻璃的现代工业色及软体家具的皮革、织物色等。

(1) 木材固有色。木材作为一种天然材料，它的固有色成为体现天然材质肌理的最好媒介。木材种类繁多，其固有色也十分丰富，有的淡雅、细腻，有的深沉、粗犷，常用透明的涂饰以保护木材固有色和天然的纹理。木材固有色与环境自然和谐，给人以亲切、温柔、高雅的情调，是家具永恒的色彩，被广泛运用。

(2) 家具表面油漆色。家具表面涂饰油漆，一方面是保护家具木材，免受大气影响，延长其使用寿命；另一方面油漆在家具色彩上起着重要的美化装饰作用（图 1–1）。

家具表面涂饰油漆可分为两类，一类是透明涂饰；另一类是不透明涂饰。

透明涂饰本身又分两种，一种是显露木材固有色；另一种是经过染色处理改变木材的固有色，但纹理依然清晰可见，使木材的色调更为一致。透明涂饰多用于高档木材家具。

不透明涂饰是将家具本身材料的固有色完全覆盖，油漆色彩的冷暖、明度、彩度、色相极其丰富，可以根据设计需要任意选择和调色。一般在低档木材家具、金属家具、人造板材家具中使用得较多。

图 1-1　家具设计用色
建材饰面材料的光洁与鲜艳色彩都代表着流行趋势，与家具设计的用色是互动的

(3) 覆面材料装饰色。随着人类环保意识的提高，在现代家具的制造中，大量地使用了人造板材。因此，人造板材的覆面材料色彩成为现代家具中的重要装饰色彩。人造板材的覆面材料及其装饰色彩非常丰富，有高级天然薄木贴面，也有仿真印刷的纸质贴面，最多的是PVC防火塑面板贴面。这些贴面人造板对现代家具的色彩及装饰效果起着重要作用，在设计上可供选择和应用的范围很广，根据设计与装饰的需要选配成品，不需要自己调色。

(4) 金属、塑料、玻璃的现代工业色。现代大工业标准化批量生产的金属、塑料、玻璃家具充分体现了现代家具的时代色彩。金属的电镀工艺、不锈钢的抛光工艺、铝合金静电喷涂工艺等所产生的独特的金属光泽，塑料中的鲜艳色彩，玻璃中的晶莹透明，这些现代工业材料已经成为现代家具制造中不可缺少的部件和色彩。随着现代家具的部件化、标准化生产，越来越多的现代家具是木材、金属、塑料、玻璃等不同材料、配件的组合，在材质肌理、装饰色彩上产生相互衬托、交映生辉的艺术效果。

(5) 软体家具的皮革、织物色。软体家具中的沙发、靠垫、床垫等在现代室内空间中占有较大面积，因此软体家具的皮革、织物等覆面材料的色彩与图案在家具与室内环境中起了非常重要的作用。特别是随着织艺在家具中的逐步流行，为现代软体家具增加了越来越多的时尚流行色彩。

除了上述家具色彩的应用外，家具的色彩设计还必须考虑室内环境的因素。

家具与室内空间环境是一个整体的空间，家具的色彩不是孤立的一件或一组成套家具，家具色彩应与室内整体的环境色调和谐统一。家具与墙面，家具与地面、地毯，家具与窗帘，家具与空间环境都有密不可分的关系。采用调和的手法，使家具与室内空间各部分之间的色彩和谐统一，会使空间氛围显得幽雅、宁静。

思考与练习

1. 阐述家具出现的含义。
2. 简述色彩与家具的关系。

第2章

古今中外家具简介

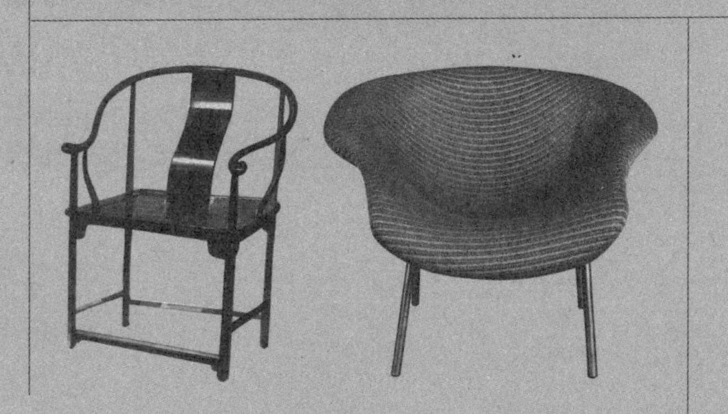

第 2 章　古今中外家具简介

家具风格是不同时代思潮和地域特质散发的创造性理念和表现，逐渐发展成为家具的形式。它与建筑及室内装饰风格之间有着不可分割的联系，有着一脉相承的血缘关系。一种风格形成的原因是综合的，往往与当时、当地的自然和人文条件息息相关。有物质方面的原因，也有家具赖以构成的材料、工艺技术、生产方法等原因；有精神方面的因素，也有地域性和民族性问题，如地方传统文化的影响和民族审美爱好、风俗、习惯的不同等；还有地理气候和设计者的修养等多方面的因素，都是形成家具风格的因素。其中尤以民族特性、社会制度、生活方式、宗教信仰等因素与家具风格关系更为密切。同时，各种不同文明的相互影响亦会促使某种定型风格产生一定程度的变化，进而演变成为另一种新的风尚。

2.1　家具风格与成因

成熟的风格一般具备三方面的特征：一是独特性，它有与众不同的鲜明特色；二是统一性，即它的特色语言贯穿于整体和局部，直至细枝末节；三是系统性，就是它的特色不只是表现在几件家具上，而是表现在一个时期内的一批家具上，形成一个完整的式样风尚。

家具的历史与人类文明的发展同步，已经有几千年了。从遥远的原始时代到信息社会的今天，随着人们生活方式的不断改变，科学技术的不断进步，家具也逐步演变成一种蕴含人类文明精神的文脉。在不同地域、不同时代有不同的风格载体，这是人类文明和社会发展史不可分割的有机组合部分。古希腊家具的发展一直伴随着人文、艺术与科技的发展，反映了不同时代人们的生活形态和生产力水平，在这个历史过程中始终融艺术、科技、材料、工艺于一体，通过科技的进步、新材料的发明和工艺的提高，艺术风格的演变不断达到新的高度。

同时，我们必须认清传统风格对于现代家具设计来说是一种珍贵的资源，在新家具设计中我们要吸取传统风格的历史精神和地域特点，以创造不同的无愧于时代的家具风格。

中国传统明清家具设计的发展高峰与近代中国家具设计发展的停滞及落后形

成的巨大反差，与欧洲工业革命西方现代家具设计的迅猛发展，尤其是北欧设计学派的异军突起与意大利设计的大放光彩相比照，更加激起当代中国家具设计师吸取历史经验与教训，奋起学习现代设计思想，引进西方先进技术，开拓中国现代家具设计新局面的决心。

2.2 中国传统家具元素

家具文化秉承了中国传统人文生活环境的独特哲学观念和造型理念，在历史进程中，建立起一种与西方完全不同的典型风格。我国智慧的古代劳动人民，在漫长的文明发展进程中，创造了独特的、有着强烈个性的木构建筑体系。家具和建筑一样，保持着一贯的作风，继承古代家具的式样风格，维持着一贯的格调。在不同的时间与地理条件下，亦形成了相当丰富的演变体系。它经历了自席地而坐的低型家具，到垂足而坐的高型家具的发展历程，直至明清时期，创造了中国传统家具灿烂辉煌的乐章，并对世界各国的家具艺术发展有着不可低估的影响和贡献。

中国家具风格的发展变化大致有如六个阶段。

2.2.1 商、周、两汉时期的家具（公元前17世纪到公元220年）

据载：甲骨文中“图”表示“席”、“合”表示“宿”，及现存某些青铜器物，可以推测出当时室内铺席，人们坐于席上；家具则有床、案、几榻、椅、墩、凳、交阮、箱、柜、屏、架和置酒器的“禁”。

西周类型除商朝已有的外，尚有倚靠用的几和屏风（扁）、衣架（樟枷）等。商、周、战国时期人们习惯席地而坐，几、案、衣架和睡觉用的床都很矮，这时是中国低型家具的形成时期，其特点是造型古朴、简洁，用料粗壮。汉代家具在低型家具大发展的条件下，出现了坐榻、坐凳、框架式柜等一些新的类型，高型家具开始萌芽。此外，漆艺继承了商、周时期的风尚有了很大发展并出现了不少新工艺。

2.2.2 两晋、南北朝时期的家具（公元265到589年）

两晋和南北朝是中国历史上一次民族大融合时期，佛教的传入，遂形成儒、道、释文化复合特征，对家具风尚的影响深远而巨大，低型家具继续完善与发展。如睡觉用的床已增高，上部加床顶，周边施以可拆卸的矮屏；起居用的床榻加高、加大，下部以壶门作装饰；也可以垂足坐于床边。床上出现了倚靠用的长几、隐囊（袋形软垫）和半圆形凭几，由移动的屏风变化为两折、四折及多折。东汉末

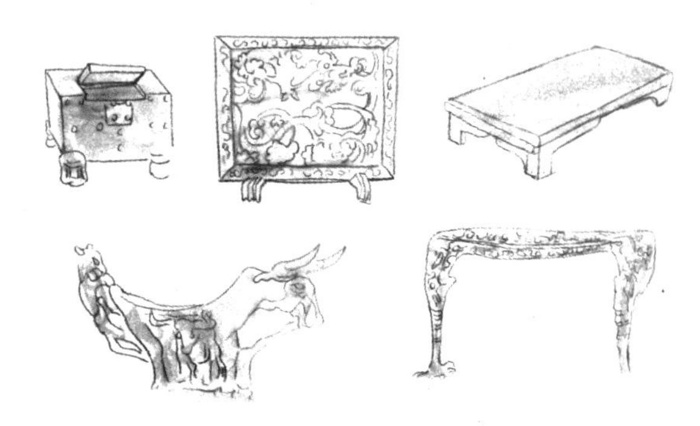

图 2-1 两晋南北朝时期的家具

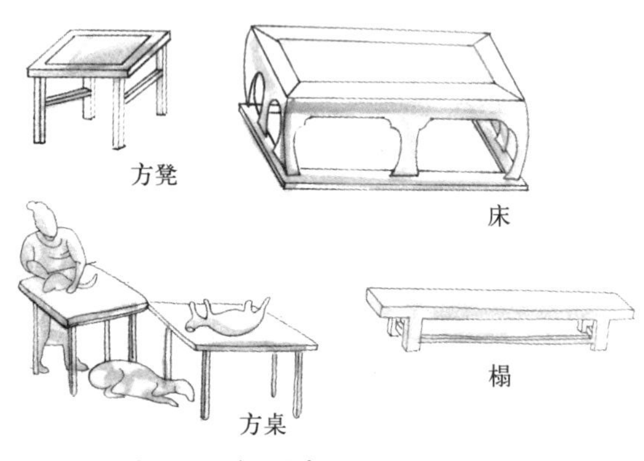

图 2-2 隋唐、五代时期的家具

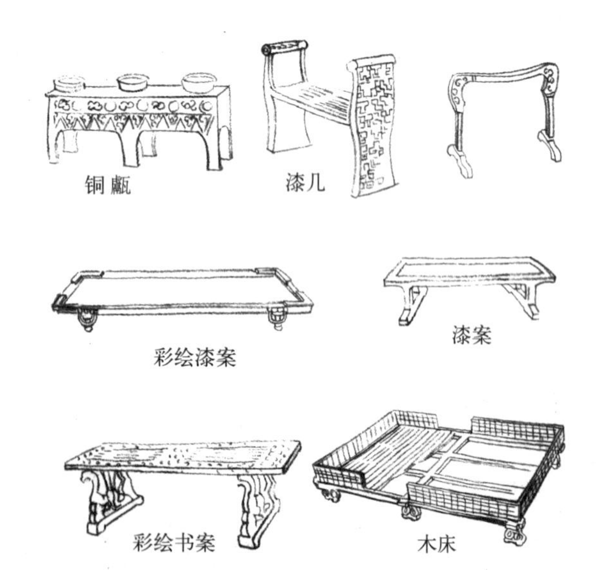

图 2-3 宋、元时期的家具

年传入的"胡床"逐渐普及到民间，各种形式的椅子、方（圆）凳、束腰形圆凳等高型坐具亦相继出现。这些家具对当时人们的起居习惯与室内布置都产生了积极影响，为以后逐步废止席地而坐的习惯打下了牢固的根基（图 2–1）。

2.2.3 隋唐、五代时期的家具（公元 581 年至公元 960 年）

隋唐时期，是中国封建社会前期发展的顶峰，南北大运河的开凿贯通，促进了南北地区物产与文化的交流。人们席地而坐与使用床榻的习惯仍然广泛存在，但垂足而坐的生活方式已逐步普及全国。从敦煌壁画和五代时期的《韩熙载夜宴图》画卷可以看出，当时已有长桌、方桌、长凳、腰圆凳、扶手椅、靠背椅、圈椅和床等。在大型宴会出现了多人列坐的长桌及长凳，家具形式处于高、低型家具并行发展的时期，后代的家具类型已在唐末至五代时期基本定型（图 2–2）。

隋唐、五代时期的家具，式样简明、朴素、大方，床榻下部除用壸门装饰外，有些则改为简单的托脚，桌椅的构件有些做成圆形断面，既切合实际，线条也趋于流畅。各种装饰工艺也运用到家具上，室内陈设布置更加丰富。五代时期王齐翰的《勘书图》中的三折大屏风附有木座，置于室内后部中央，成为人们起居活动和家具布置的背景，使室内空间处理和各种室内装饰开始发生变化，与席地而坐的室内布置迥然不同。

2.2.4 宋、元时期的家具（公元 960 年至公元 1368 年）

宋朝的建立结束了五代十国战乱局面。垂足而坐的起坐方式和适应这种生活方式的桌、椅、凳等家具在民间已十分普及，并且演变出圆形和方形交阬、琴桌等新型家具。北宋《营造法式》的颁布，影响了家具的造型和结构，出现了一些鲜明的变化。大量装饰性的线脚丰富了家具造型，桌、椅腿部的断面除原有的方形、圆形外，均做成马蹄形，桌下面开始用束腰、曲线等（图 2–3）。

随着高型家具的大发展，起坐方式的改变，生活方式内容的增加，室内布置也产生了新变化。一般厅堂在屏风前面正中置椅，两侧又各有四椅相对，供宾主对坐。

2.2.5　明代时期的家具（公元 1368 年至公元 1644 年）

明朝时期社会稳定，海禁的部分开放，经济发展等，使家具类型和式样除满足生活起居需要外，也和建筑产生了更加紧密的联系。一般厅堂、卧室、书斋等都相应地有几种常用家具配置，出现了成套家具的概念。同时，由于海上交通的发展，东南亚一带的花梨木、紫檀木等硬质木材的输入，均拓展了家具制作的内涵，如：木材质地坚硬、强度高、纹理优美、色泽高雅，因而在制作家具时采用较小的断面及精密的榫卯，进行细致雕饰与线脚加工。在这种前提下，加上工艺的进步，使得明代家具在造型艺术上有了创新，并达到鼎盛（图 2–4）。

图 2-4　禅椅

明代家具品类可分为六种类型：

1. 椅凳类　为宴会休息之用。有杌凳、方凳、长方凳、条凳、梅花凳、官帽椅、灯挂椅、交椅、圈椅、鼓墩、瓜墩等（图 2–5）。

2. 几案类　为工作陈列之用。有琴几、条几、炕几、方几、香几、茶几、书案、条案、平头案、翘头案、架几案、方桌、八仙桌、月牙桌、三屉桌等。

3. 箱柜类　为储藏衣物之用。有门户橱、连二橱、连三橱、书橱、四件橱、六件柜、衣箱、百宝箱等。

4. 床榻类　为躺卧睡觉之用。有凉床、暖床、胡床、架子床、罗汉床、木榻、竹榻等。

5. 台架类　为承托衣物之用。有灯台、花台、镜台、衣架、面盆架等。

6. 屏座类　为屏障装置之用。有镜屏、插屏、围屏　落地屏风、炉座、瓶座等。

图 2-5　扶手椅

明代家具，有鲜明的特征：一是由结构而决定的式样；二是因配合肢体而延伸的人机关系及尺度。由于从这两点出发，因此虽然它的种类千变万化，而归纳起来，它始终维持着不动摇的格调，那就是“简洁、凝重、适度”。在简洁的形态之中具有“雅、素”的韵味，表现在：一是用材合理，既发挥材料性能，充分利用材料本身色泽与纹理的美观，达到结构和造型的统一，轮廓的舒畅与朴实；二是框架式的结构方法符合功能力学原则，各部件的线条雄劲而流利，它应对人体形态与环境特点，使之具有适用的功能；三是极限量雕饰多集中于一些辅助构件上，运用榫卯技术起到了装饰与强固的双重效果（图 2–6）。

图 2-6　扶手椅

王世襄先生对明代家具的造型用"品"来评述。总结为"十六品",即:简练、淳朴、厚拙、凝重、雄伟、圆浑、沉穆、秾华、文绮、妍秀、劲挺、柔婉、空灵、玲珑、典雅、清新，这些都是对明式家具的结构构件作出的高度概括。

2.2.6 清代时期的家具（公元1644年至公元1911年）

清代家具,继承明代家具在构造上的传统,并在此基础形成了自己的华丽、厚重风尚。

清代家具风格特点：一是构件断面增大，整体造型稳重，有富丽堂皇、气势雄伟之感，与当时的民族特点、政治、生活、习惯、室内陈设互为影响，其体量关系与其显露的气势同宫廷、府第、官邸的环境气氛相互辉映；二是线条平直硬拐,雕饰增多。家具雕刻工艺精湛,用料多样,装饰题材内容丰富。常用手法有雕刻、镶嵌、描金、漆艺、剔犀、镶金等。

2.3 外国传统家具元素

2.3.1 古代风格

1. 埃及（公元前27世纪至公元前4世纪）

埃及，具有灿烂的尼罗河流域文化的国度。埃及人在尼罗河边建立了金字塔，在塔中保存了许多不同种类的家具。其形式都是为强调权力而设计的，如贵族的椅子均是以立座为表现形式。埃及国王的黄金王座，完全以黄金制作，是古埃及家具的典型风格。

其类型很多，有凳、椅、桌、几、台、床等。每一类型品种齐全，椅子的类型可分为小椅子、靠背椅、扶手椅等；造型多样，如腿部就有直线、动物形脚等式样。材料除木材、石材、金属外，尚有镶嵌用料及纺织物。

2. 希腊（公元前11世纪至公元前1世纪）

希腊，是欧洲文化的摇篮。希腊家具与古希腊建筑一样，造型颇为严肃和宏伟，多数采用动物和花叶等装饰。随着建筑风格的成熟，其形式亦转向单纯、优美。坐凳除四腿外尚有"X"形折叠式。坐椅的设计在功能上已经具有显著的进步。它的结构非常合乎自由坐姿的要求，背部倾斜且呈弯曲状，腿部向外张开向上收缩，给人一种稳定感。靠背板或坐面侧板、腿部采用雕刻、镶嵌等装饰。室外庭院、公共剧场采用大理石制成的椅子。木材、青铜、大理石等是家具常用的材料，镶嵌用材为金、银、象牙、鳖甲等，以表现出优雅而华贵的生活需求特征。

3．罗马（公元前5世纪至公元5世纪）

罗马家具带有奢华的风貌。其种类有椅凳、台桌、橱柜、床等，使用的材料有木材、青铜、大理石等，其装饰方法主要有以薄木贴附及用象牙、金、银镶嵌等。凳类有X形脚的折叠凳，适用于露天剧场；双人凳供两人用，青铜制造，在坐面下有马头的雕饰。椅子可分为小椅子、靠背椅、扶手椅。其小椅子是常用的，靠背倾斜弯曲，腿部向外倾斜有安定感；扶手椅用作教皇或国王的宝座，以大理石制，背很高，靠背和扶手均雕饰，其桌子有圆形、方形、长方形桌，桌面板四周做线脚变化，或者加厚面板，周边施以雕刻，大理石面板周边嵌装青铜刻饰，腿部为狮子等动物脚形或全面做成浮雕装饰。三脚台是专门用来陈设供神食物的家具，有高、低两种形式。低者是从实际应用得出来的式样；高者是由于装饰的需要，旋涡形的腿部雕饰加高了台面的高度。

2.3.2 中世纪风格

中世纪时期的家具风格可划分为三个主要时期：拜占庭式、仿罗马式、哥特式。

1．拜占庭式（公元328年至公元1005年）

拜占庭式家具基本继承了罗马家具的形式，并融合了西亚和古埃及的艺术风格。其装饰较为华丽。它发明的旋木技术和象牙雕刻技术颇为出色，其家具有椅、扶手椅、休息椅、床等。椅子的外观由罗马时代的纤细曲线改变为略带直线的造型。其代表作品有圣彼得椅、达克贝鲁座椅、斯堪的纳维亚椅子、德意志椅子，这种类型椅子的椅座稍高，下设承足台，而靠背的设计参考了中世纪建筑的式样（图2–7、图2–8、图2–9）。

图2-7 圣彼得椅子

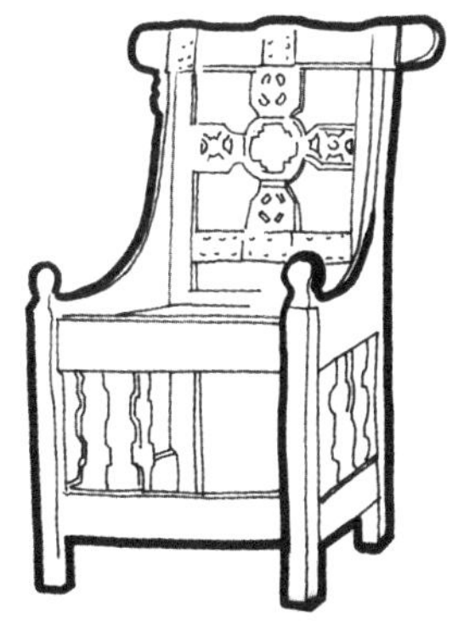

图2-8 斯堪的纳维亚椅子

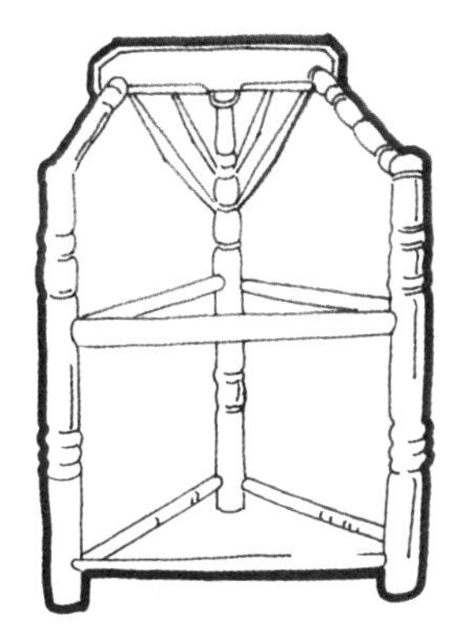

图2-9 德意志椅子

2. 仿罗马式（公元 10 世纪至公元 13 世纪）

仿罗马式家具的设计灵感来自于建筑，于造型和装饰上模仿古罗马建筑的拱券和檐帽等样式，类型有：椅子、桌子、柜、床等。此外，扶手椅以旋木方木形式处理，非常简朴、平实；高腿屋顶形斜盖柜子为当时最为出色的贮藏用具，正面常采用薄木雕刻的简朴曲线图案或玫瑰花饰，其装饰木质椅子的怪兽和花饰均显现出浓厚的拜占庭文化色彩（图 2–10）。

3．哥特式（公元 12 世纪至公元 16 世纪）

哥特式家具，由哥特式建筑风格演变而来。其初期的坐椅并非用脚柱来支持，可以看到很多类似建筑的造型。哥特式的主要特点：以哥特式尖拱和窗格花饰为主，显示出家具的玲珑与华美，于纤细中彰显高贵的气质。采用被称为折叠亚麻布的装饰以尽显朴素和庄重，但在严肃中亦略显单调之感。

家具类型有凳、椅子、餐具柜、箱柜、床等。其中，椅子靠背较高，多模仿建筑窗格装饰，强调几何与垂直线。各类型家具表面都以雕刻或浮雕作为装饰。

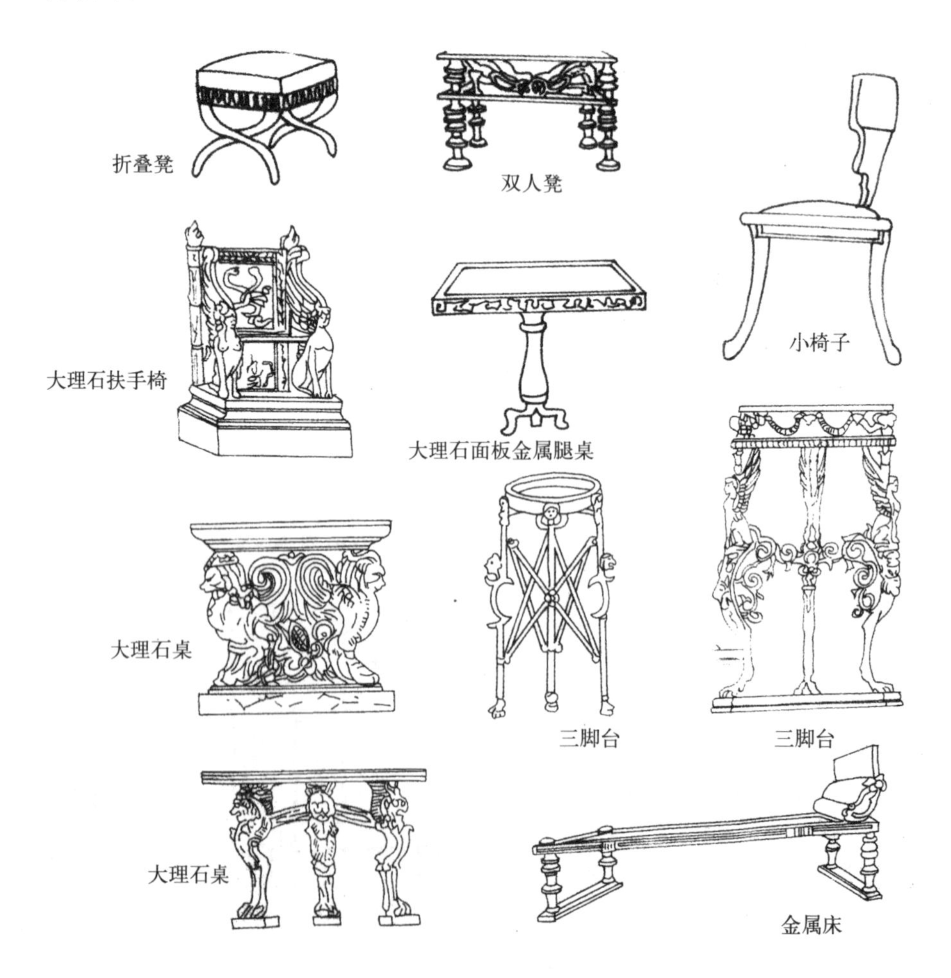

图 2-10　古典家具

2.3.3　近代风格

近代建筑、室内、家具设计的风格从公元15世纪文艺复兴起，经历了文艺复兴风格、浪漫风格、新古典风格，共产生了三种风格。

1. 文艺复兴

文艺复兴是指公元14世纪下半叶至16世纪，以意大利各城市为中心而开始的对古希腊、古罗马文化的复兴运动。

自15世纪后期始，意大利家具设计开始吸收古代建筑、家具造型的精华，以新的表现手法将古典建筑中的檐板、半柱、拱券以及其他细部形式移植到当代家具中作为家具的装饰艺术。意大利文艺复兴后期的家具以威尼斯的作品最为成功。它的最大特点是采用灰泥模塑浮雕装饰，做工精细，常在模塑图案的表面加以贴金和彩绘处理，这些制作工艺被广泛用于柜子和珍宝箱的装饰上。

2. 浪漫风格

在文艺复兴风格历经16世纪末期逐渐蜕变后，于17世纪中期终演变为巴洛克（Baroque）风格。这个名词原是珠宝商用来形容珠宝表面崎岖不平的葡萄状。巴洛克风格的最大特点是以浪漫主义精神作为形式设计的基础，在造型意识上完全与古典主义大相径庭。它创始于意大利，影响遍布整个欧洲大陆。巴洛克风格家具的最大特色是将富于表现力的细部相对集中，简化不必要的部分而着重于整体结构塑造。因而，它舍弃了文艺复兴时期将家具表面分割成许多小几何形框架的方法，以及那些繁复华丽的装饰，改成主辅区分，强化整体装饰的和谐效果。由于这些改变，使座椅已不再采用圆形旋木与方木相间的椅腿，代之以整体的回栏状椅腿、椅坐、扶手和椅背，并采用织物或皮革包衬来替代原来的装饰。这种改革不仅使家具造型在视觉上产生更为华贵而统一的效果，同时在功能上也更具舒适感。

洛可可风格产生于18世纪30年代，法国的巴洛克风格在经历巴黎摄政时期的酝酿后，开始蜕变成洛可可（Rococo）风格，亦称路易十五风格。洛可可的法语是洛卡龙（Ro－caille），意指用贝壳、碎石等作装饰，在18世纪的初期美术创作及装饰设计为取得大众的支持，因此取名为洛可可。

由于它接受了东方艺术浸染并融会了自然主义的影响，终于形成了极端纯粹的浪漫主义形式。洛可可风格的家具最大成就在于将巴洛克风格基础进一步与功能的舒适性巧妙地结合并形成完美感。路易十五式的靠椅和安乐椅就是洛可可风格家具的典型代表。它的优美椅身由线条柔婉而雕饰精巧的靠背、座位和弯腿共同构成，配以色彩淡雅秀丽的织锦缎或刺绣包衬，不仅在视觉上形成极端奢华高贵的感觉，在实用与装饰效果上也达到空前完美的境界。同时写字台、梳妆台和抽屉橱等也遵循这一设计原则，有着完整的艺术造型，它们不仅采用弯腿以增加纤秀的感觉；同时将台面板处理成柔和的曲面，并将精雕细刻的花叶饰带和圆润的线条完全融合，以取得更加瑰丽、流畅和优雅的艺术效果。

但是，洛可可发展后期，其形式特征趋向一路极端，由于曲线的过度及比例失调的纹饰而趋向衰落一方。

3．新古典风格

由于巴洛克、洛可可风格经过17、18世纪的漫长岁月与发展，室内设计的形式已脱离了结构性的正确规范而陷于极度怪诞的虚假绝境。在此情形下，新古典运动（Neo—Classicmovement）应运而生，成为一种反浪漫主义的新兴风格。新古典风格分为两个主要时期：一是庞贝式，流行于18世纪末期，以研究古代废城庞贝而引起的罗马艺术热潮为基础，促成法国路易十六风格的形成，并传播至意大利、西班牙、英国，进而发展成为带有浓厚新古典意识的英国后期乔治风格，并远播至美洲大陆，形成美国联邦时期的主要设计特色。路易十六式家具最大特点是将设计重点放在水平与垂直的结合体上，完全抛弃了路易十五式的曲线结构和虚假装饰，使直线造型显出自然本色。因此路易十六式在功能上更强调结构的力量，无论采用圆腿、方腿，其腿的本身都逐渐向下收缩处理，同时在腿上加刻槽纹，更显现出其支撑的力度。家具的外形倾向于长方形，使其更适应于空间布局及活动的实际需要。椅座分为包衬织物软垫和藤编两种，椅背有：方形、圆形及椭圆形几种主要式样，整个造型显得异常优美。二是帝政式，流行于19世纪前期，主要包括法国的执政内阁时期和帝政时期、英国的摄政时期、美国的仿执政内阁和仿帝政时期。帝政式风格可以说是一种彻底的复古运动，它不考虑功能与结构之间的关系，一味地盲目效仿，将柱头、半柱、檐板、螺纹架和饰带等古典建筑细部硬加于家具上，甚至还将狮身人面像、半狮半鸟的怪兽像等组合于家具支架上。这便是文化的非物质的历史产物特性与特定需求结合的面貌。

2.4　现代家具

现代家具风格的形成和发展是和现代建筑以及现代科学技术的发展并行与工业革命机械载体作为主要源动力，以生活意识需求为核心，逐渐成为以服务现代人居环境的崭新多元设计风貌。现代家具可分为四个时期。

2.4.1　孕育期（1850 ~ 1917 年）

19 世纪中叶钢铁的采用，蒸汽机、发动机的发明以及工业生产的快速发展，在短时期内给家具设计带来了巨大的变化，废除了不合理的仿制家具式样，为革命性的设计突破提供了新动力并促进了它的发展。新材料和新工艺的试验导致了金属家具、柳条编织家具的出现。德国迈克尔 · 托尼特（Michael Thonet）及其兄弟发明了蒸弯技术，即把木材弯成曲线状，然后用螺钉装配成家具。这种技术在材料的利用上是经济的并适合工厂流水线生产。人们在这一时期的探索和努力广泛见诸于建筑、产品（包括家具）、印刷中，而家具制作已成为早期现代主义的先声。见（图 2—11）托尼特设计的摇椅和沙发。

摇椅 1850 年 托尼特设计　　摇椅 1850 年 托尼特设计

图 2-11　早期现代设计

2.4.2　革命与转折时期（1917 ~ 1937 年）

1917 年由荷兰画家蒙德里安（Piet Mondrian）、画家兼设计师陶斯堡（Van Doesburg）与里特维尔德（GerritT · Rietveld）等在荷兰掀起"风格运动"（Destiilmovement），口号是"新的设计"，目标是艺术上的彻底更新。这次运动借助于文字传播推广了现代设计的新兴观念和理想，是现代设计风格赖以萌芽的种子。1919 年先导大师格罗皮乌斯（Walter Gropius）在德国开展"包豪斯运动"（Bau—hausmovement）并于德国魏玛建校，这是以学校教育的方式建立起现代设计的基本理论，是现代设计赖以成长的温床。陶斯堡和格罗皮乌斯两人推广了现代设计的新兴观念和理想，建立起现代设计的基本理论和方硬、简洁的几何风格，皆以创造了一个更适合于 20 世纪人类生活的环境为理想，致力于追求艺术与生活的结合，艺术与科学技术的统一。在他们的共同开拓之下，一种以科学的"功能主义"为本质，以理性的"新造型主义"为表现的现代风格成长起来。这一时期的代表作品如（图 2—12）所示。

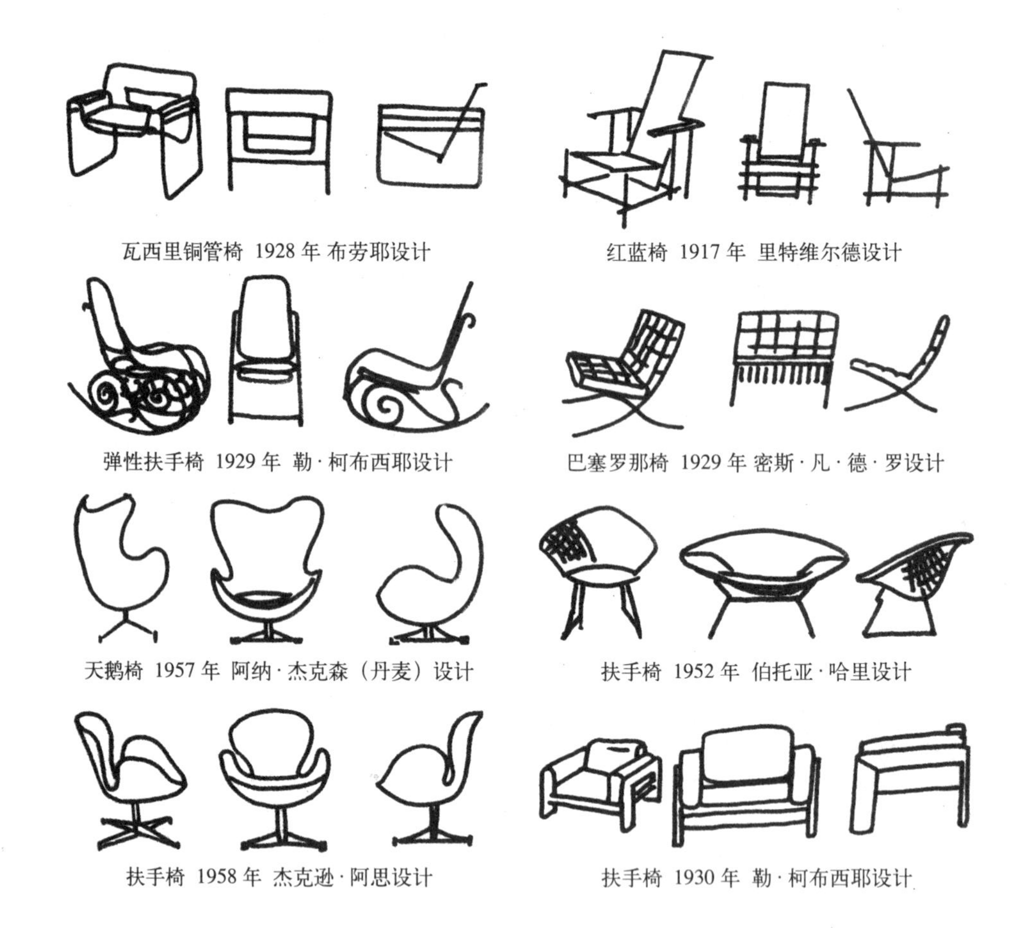

图 2-12 现代椅设计

2.4.3 成长与演变时期（1949 ~ 1965 年）

第二次世界大战结束后，新家具的设计风格渗透到美国，并得以发扬光大，之后美国出现了很多名家设计师。除美国的新家具发展之外，丹麦、瑞典、挪威、芬兰四国以北欧地理环境的清新气质、盛产的木材和富有艺术修养的人才，设计产生了风靡全球的北欧家具，普及到欧、美、日等广大地区。1965 年后意大利家具异军突起，它回避了与北欧家具特色的冲突，另寻新路，发展价廉而富有新意境的塑料家具，以意大利传统的美感、造型和谐与天才气质而领导了世界家具潮流，呈现混和、回归与演绎的不确定特征。

现代家具的特征从观念美学层面展现出卓越的艺术与技术特征，与生活理想的多元格局即以新材料为基础，以简洁线条构成元素的表现方式，通过卓越科技的发挥，进行设计和生产。一方面它借助于精确的结构处理和材料质感的应用，充分显现出现代家具造型的正确性和透明性；另一方面它依靠严格的几何手法和冷静的构成态度，充分地展露出现代美学的简洁性、符号性、观念性和新功能特点（图 2–13）。

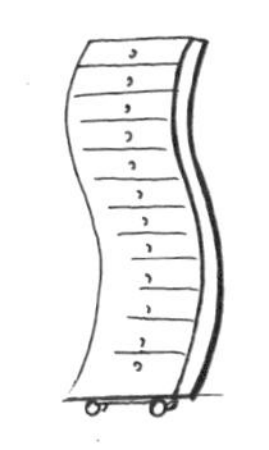

日本 1965–1977 年
柜橱 仓又四郎设计

美国 1956 年
办公椅 依姆斯设计

美国 1950 年
扶手椅 依姆斯设计

丹麦 1949 年
“最美圈椅” 穆根森设计

图 2-13　现代设计演变

2.4.4　后现代与多元时期（1966 年至今）

20 世纪 70 年代，人类揭开了向宇宙进军的序幕。科技的高速发展，为人类社会的物质文明展示出一个崭新的时代。然而面对着这样一个充满着电子、机械高速运行的社会，人们的设计思想反而显得平凡、单调。基于人类的反思，自 20 世纪 60 年代中期，兴起了一系列的新艺术潮流，在设计界产生重大影响。“波普艺术”是相对于纯抽象艺术而论的一种大众化的写实艺术，在机械化社会环境中，“波普艺术”的丰富色彩和天真的造型给人们带来了会心的微笑。那来势凶猛的“后现代主义”理念更是一针见血地批判了现代主义的生硬，充满着通俗的和有地方性的信息，呈现出怀旧、装饰、表现、隐喻、拟人和以公众参与的风潮。家具设计也在这一大的潮流下趋向怀旧、装饰、表现、多元化和折中主义，摆在人们面前的是五彩缤纷、百花齐放的新天地见（图 2–14）。

唇形椅 1966 年 沃伦·普拉特纳设计

聚氯乙烯充气沙发 1967 年 三名意大利设计师
Jonathan De Pas、D'Urbino、Paolo Lomazzi 设计

图 2-14　后现代椅设计

意大利 椅子 1985 年
安德烈亚·布兰茨设计

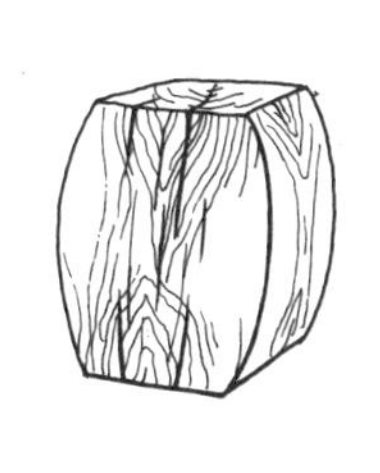

美国 木凳 1986 年
劳威斯设计

西班牙 怪椅 1987 年
哈维尔·马里斯卡尔设计

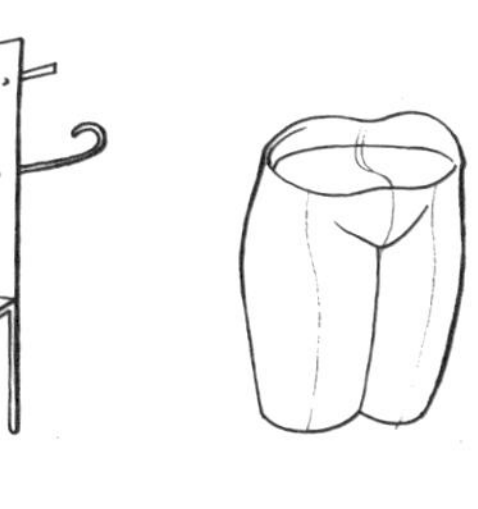

人形凳 2006 年 拉蒙·乌贝
达、奥托、卡纳尔达设计

西班牙 S 多人椅 1995 年
路易斯·莫雷诺设计

思考与练习

1. 简述近代设计与传统设计的形态差异。
2. 简述现代多元设计的特征。

第3章

家 具 与 时 代

第3章 家具与时代

"我们的职业（工业设计）绝不是属于艺术家的，也一定不属于美学家，而宁可说是属于语意学家（semanticist）……物体必须散发出符号，就像孩子、动物和森林大火。"

设计师　菲利普 · 斯达克（Philippe Starck）

3.1 今天的家具语言

今天的家具设计语言呈现出时尚、简约、个性、多功能、趣味、色彩流行、情感及系统化的特点并展现出卡通般鲜明丰厚的语言形态与造型（图3－1）。

通过意大利人工合成环保材料的书架设计（图3－4）、多人座椅（图3－3）及英国波普风格的婴儿椅（图3－2），都能使我们感受到新时代、新工艺、新材料、新生活方式情境中的设计语言与符号，它与生活贴得很近，亲切而自然。

图3-1　现代家具的语言十分丰富

图 3-2　婴儿椅（英国，彼得·默多克 Peter Mordoen 1963 年）

图 3-3　多人座椅

图 3-4　人工合成环保材料书架（选自意大利设计年鉴作品）

3.2 广泛的家具内涵与产品

家具设计越来越注重形态与对室内空间环境的分隔（图 3–5）、装配和联系，以及其色彩的对比与联系，和对环保材料的应用，一种情境的设计呈现等（图 3–6）。

图 3-5　简洁家具与室内环境的划分

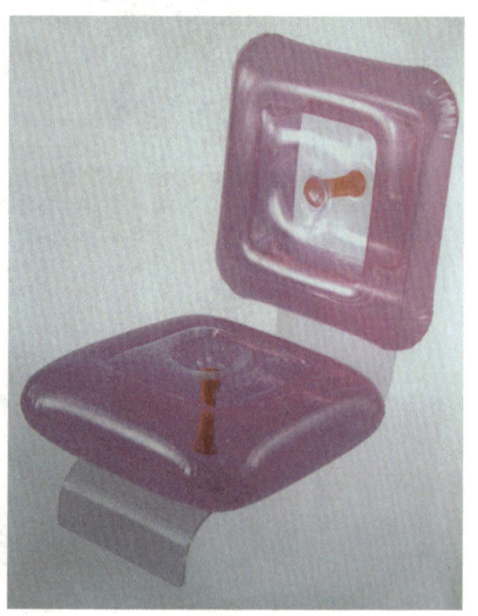

图 3-6　三名意大利设计师
Jonathan De Pas、Donato bí Urbino
和 Paolo Lomazzi
1967 年设计的聚氯乙烯充气椅
设计师对环保材料及流行色的运用

现代设计的内涵与导入，应以分析人与事物的外部原因，即人的行为、环境、情感出发；再导入内部原因，即产品的工作原理、材料、形态、符号语义才能最终实现内因和外因的协调与完善。如法国设计百年中的作品“手提包”折叠桌（图 3–7）、“纽约的日落”沙发（图 3–8），即是最好的注脚。

图 3-7　法国设计百年中的作品“手提包”折叠桌
克里斯汀·利埃格尔设计
该设计兼有旅行专用与室内使用的双重功能，具有讲究平衡和精确尺寸的法式经典风格

图 3-8　“纽约的日落”沙发（盖里诺佩西，1980 年设计）

思考与练习

1. 简述现代家具设计的简约特征。
2. 简述家具设计与环境的关系，并画三至五张草图。

第4章

语 意 的 注 入

第 4 章　语意的注入

符号学（Semiotics）起源于人类文明伊始，原始先民们涂鸦般的绘画图形、图腾和文字都是它的开端。它记录和交流人们的思想情感：记忆、生活、需求，以此使人们得到创造视觉的、语言文化的、审美的、经济的或非物质的一份厚重又无尽无止的快乐！人们对符号学的觉悟方可追溯到古埃及、古希腊；东方则首推夏、商、周三代。在那个久远的年代里，一切尽在人们的生活需求条件下、情境中和事理逻辑中应运而生，卓然成就，可用可读，可视可触。

中国古代符号学的巨著《周易》，也称《易经》，即是符号学的早期硕果。

中国甲骨文、"勾股定义"、"天圆地方"、"太极"、"八卦" 以及 8000 年前文字及图形等物都是符号学萌动的有力佐证。

近现代符号学在笛卡尔的理性与方法的分析研究中，莱布尼兹的符号逻辑与定量思维结构里，布尔的数理分析，索绪尔研究的语言活动，卡尔普纳提出的语意学、语构学和语用学，而莫里斯则将符号学设想为象征性的、美学的、认知的、社会的和心理学的范畴，并提出符号在各学科领域中承担着"组织科学" 的角色而成为统筹性的，又各自成就一片天地，并不断发展等。这就为设计符的研究与应用奠定了坚实的基础。

4.1　心理注入（符号导入）

符号学应用在设计中，可放置在一个广义的概念中去思考，它既有理性的、心理的、文化的、人性的因素；又有视觉的、美学的因素。它包括如下四个方面。

1. 设计事理学

事理学由柳冠中创立，在我国有比较典型的设计导向与思维意义。它的核心是研究造物成因所涉社会生活模型，即事与物之间的各要素即子因素之间的关系，它通过设计师对生活、市场问题的调研与分析，将获取的信息化为知识，由知识升华为新思想、新概念、新方法，进而导入创意甚至发明中。该学说以强调事物的外部众多子因素分析为主，并发现、提炼和引发内部因素的变化，最终依据生活事理过程和人的需求，激发“形而上”的理念，最后实现“形而下”的造物及物种。其中，外部因素是核心，以此激活人们进入发散式思维，使内部和外部因素在客观分析、归纳后，迅速地看清本源，捉住事物与造物的本质，确定终端设计的目标与方案。这是具有独立价值的应用学说，其内涵丰富的思维密码与非物质设计精神相谐，它实践、发展和丰富了设计符号学，提高了应用价值，亦可以说，是广义符号学的一个分支。

2. 非物质设计

科学是探索自然的奥秘与本质；艺术、设计是创造未知的视觉和触觉世界，将两者整合为新生活方式的新造物，并将其化为美学的、经济的即非物质因素的显性载体，而这些价值正是通过特质形态传递的，故非物质。其内涵是伴随时代的进步与发展而不断丰富的概念。

3. 非物质社会的现代意义

数字时代、信息社会或服务型，正在创造新美学经济，正在成为新派生的 MBN 模式（艺术硕士已于 2002 年被列入哈佛 MBN 课程系）。这是一种无目的性的，不可预料的和无法准确测定的抒情价值，这也是人们告别“理性工具时代”的一个新后工业时代的新型美学产业，它比历史上任何时代都更自由、更渴望和更利于创造出经济与美学的造物。

4. 符号学设计应用知识点

设计符号在应用中主要包括语义、语用、语构三方面，并贯穿于设计的全过程。

语义：它包含来自于客观事物的全部信息，视觉的、文本的、历史的、当代的、生活的、情感的意义密码。

语用：将语义的全部信息进行分类与抽取，以象征或隐喻的形式语言转化并导入特定而具体的设计目标中，它必须是以美学的系统和非物质精神为载体加以彰显。

语构：是将语义的内涵通过物质的载体，工艺与材料和科学技术的因素加以理性的归纳和装置，最终实现物理的形态，即产品。它们呈现出丰富的语汇。

如图 4–1 所示的藤编椅、图 4–2 所示的“钉子”凳以及图 4–3 所示的蛋形椅恰好说明了运用符号语义学的具体成果，它们代表着多维的情感理念，并在象征或隐喻中传递着人们对生活的点滴记忆影像，在设计中诙谐地体现出了有趣的信息。

图 4-1　藤编椅

图 4-2 "钉子"凳 这样的"钉子"形态组合的凳，体现一种设计幽默感

图 4-3 具有蛋形形状的椅子
图 4-4 母鸡孵蛋的有趣场景

蛋形椅的符号源自于母鸡孵蛋有趣的生活场景的启示（图 4-4）。
同样，儿童的玩具积木启发了设计师的灵感（图 4-5）。
圆形的形态给人以联想、温馨、呵护和可靠感，如同人们见到鸡蛋、苹果、桃子、芒果之类的感受一样。下列的设计是基于这样的符号语义产生的（图 4-6 ~ 图 4-9）。

图 4-5 索托萨斯书架
图 4-6 弧形藤椅

图 4-7　五开光墩

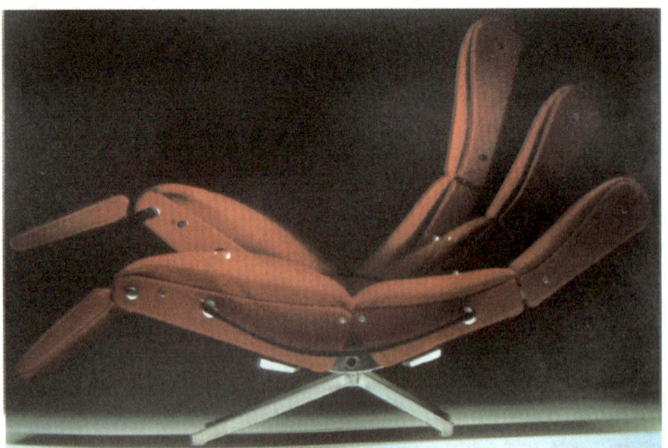

图 4-8　躺椅（意大利，奥萨瓦尔多·博萨尼 Osraldo Borsani 1911 ~ 1985 年）

图 4-9　不同形态的座椅对圆形的诠释

4.2　物理注入（现实实现）

语用符号正是考虑如何将语义物质化、现实化物理注入，下列作品通过绒布和玻璃钢、藤这些材料加以实现（图 4–10、图 4–11），充分发挥这些材料的视觉、触觉和心理感受。

语用符号使设计师考虑如何将语义物质化、现实化。下列作品通过纯木制材料得以实现，一个是明代的椅子（图 4–12），一个是意大利的现代椅子（图 4–13），可谓异曲同工。充分发挥了木制材料的视觉、触觉和心理感受。

该椅子充分运用线形语言，并延伸了木料质感及可塑性，其形态方中寓圆，坐面平整坚实，中部与下部支点线条优雅，曲线美有女性化意味，形态符号隐喻呈现，造型拙而巧。

藤编与金属材料相结合（图 4–14），将人工材料与自然材料相结合，将情感与理性相融合正是下列作品的特色（图 4–15）。

将金属材料与木材或胶合板、人工合成环保材料相结合，将人工材料与自然材料相结合，结点采用五金件加固，将情感与理性相融合正是下列作品特色，这在家具设计中也是一个发展趋势（图 4–16、图 4–17）。

图 4-10　玻璃钢材质座椅
图 4-11　S 椅（英国，汤姆·迪克森，1998 年设计）

图 4-12　明代圈椅
图 4-13　意大利的现代椅

图 4-14　藤材与金属材质相结合的家具

图 4-15　藤编材料与人工材料组合而成的家具

无机材料与木材对比，产生透明与闪光的语言，坚固而又轻快，无机材料与有机材料对比产生了特殊的效果，在公共空间中兼具了便于组合、摆放与便于清洁的双重特色（图 4–16、图 4–17）。

该金属材料与实木在造型形态、使用状态、功能属性和对空间共享性方面都具有很强的耐久性与牢固性，它是自包豪斯钢管椅流行于世 80 余年的回应。并充分照顾了人群活动与个人使用的共享性。

而下列作品的形态与女性首饰盒造型有着隐喻性的联系，圆弧的轮廓，曲面的运动感都使这些造型最恰当地运用在橱柜、衣架、屏风等设计中。这样的符号运用巧妙地将功能、形式、环境三者完美结合（图 4–18、图 4–19）。

图 4-16　（法）安德烈·吕萨 -B327 办公桌，1930

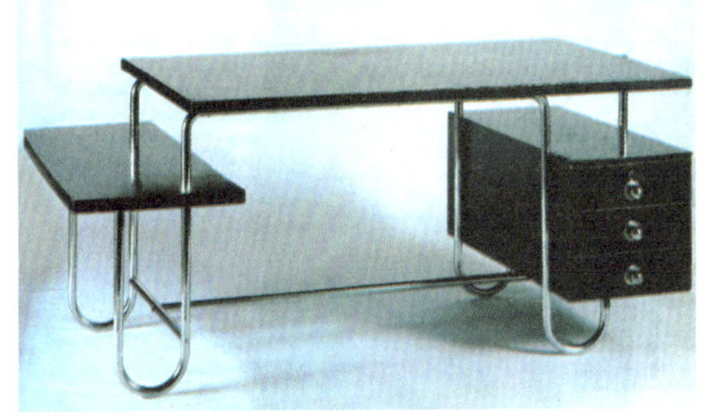

图 4-17　金属材料与木材组合而成的桌椅，坚固、耐久，木制的箱板、桌面触感良好

图 4-18　具有女性首饰盒隐喻特征家具半展开状

图 4-19　具有女性首饰盒隐喻特征的家具

在设计中，形态功能的分配与组合都与人的活动状态、工作状态和视觉观察方式密切相关。设计师利用透明材料实现家具产品的多视角造型美与变化，并应用在屏风中（图 4–20）。

图 4-20　屏风叠次的形式与女性首饰盒造型十分相似

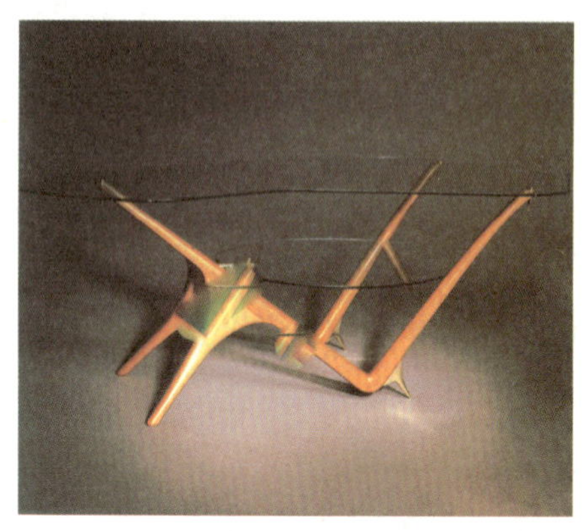

图 4-21　透明材料的应用
选自 2006 年法国设计 100 年来华展

图 4-22　个人办公桌椅

图 4-23　棋桌

上三图形态精巧，多用空洞造型，正负空间互为变化，其用料为人工材料与实木、五金件相组合（图 4–21 ～图 4–23）。

图 4-24　高足储藏柜

图 4-25　花生造型的储藏柜

色彩与形状给人的联想最为鲜明，它产生的符号语义在家具中十分显著，储藏柜的四足使人联想到女士的高跟靴（图 4–24），花生般有机形的造型剖面都显现了语用功能应用（图 4–25）。

图 4-26 古代宫门上的点状装饰元素及红、白、金色彩呈现

图 4-27 现代家具对点式装饰元素的运应及汲取传统色彩、符号、文脉的尝试

图 4-28 点状装饰饰面

点状的装饰元素以色彩化的形式出现在古代宫门（图 4—26）或现代装饰饰面材料中（图 4—27），这样的符号载体在家具设计中应用十分生动（图 4—28）。

造型形态的点、线、面与自然植物、水果之间的形态联系成为创意灵感的第一步（图 4—29）。说明了树叶符号的色彩印象及其所蕴示的情感心理要素是如何结合材料、结构并最终形成了木制果盘（图 4—30）。

图 4—31 说明了一件扶手椅在做成成品前必然涉及的形态、结构、尺度以及每一层的细部材料和这些构件材料之间的结合方式，这就是符号语构过程中，设计师要面对的具体问题，也是设计的终端环节。

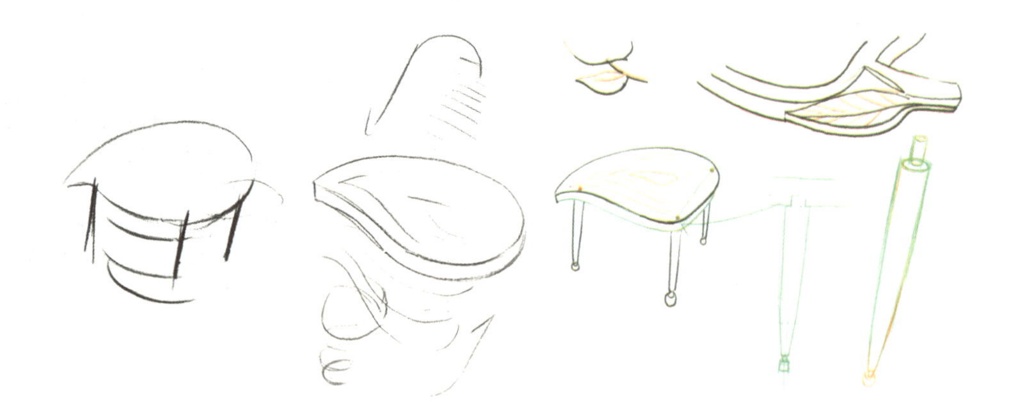

图 4-29 创意灵感的第一步

图 4-30 树叶形状的木制果盘

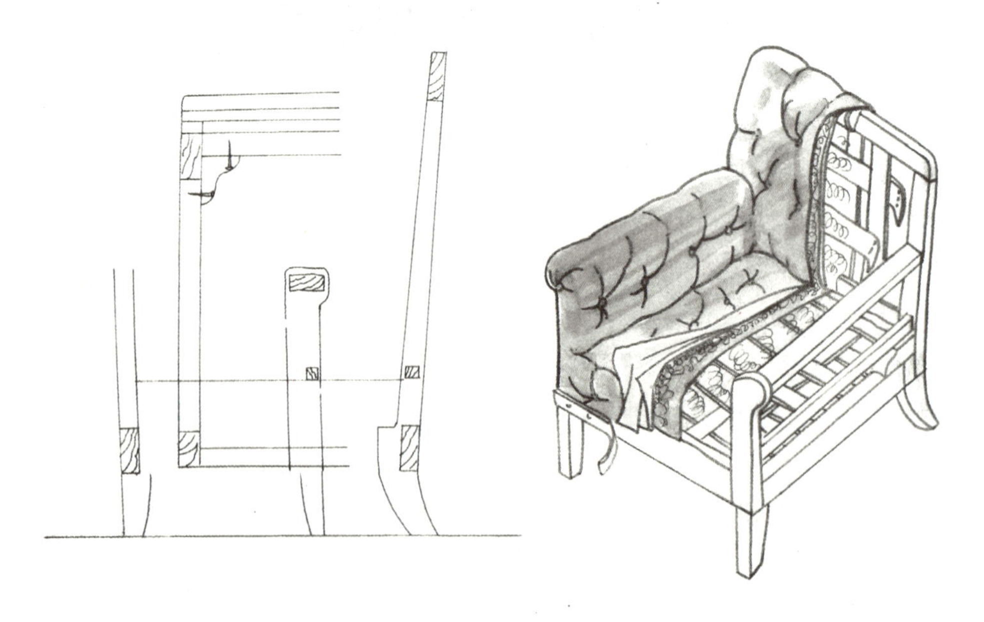

图 4-31 扶手椅的材料与细部结构

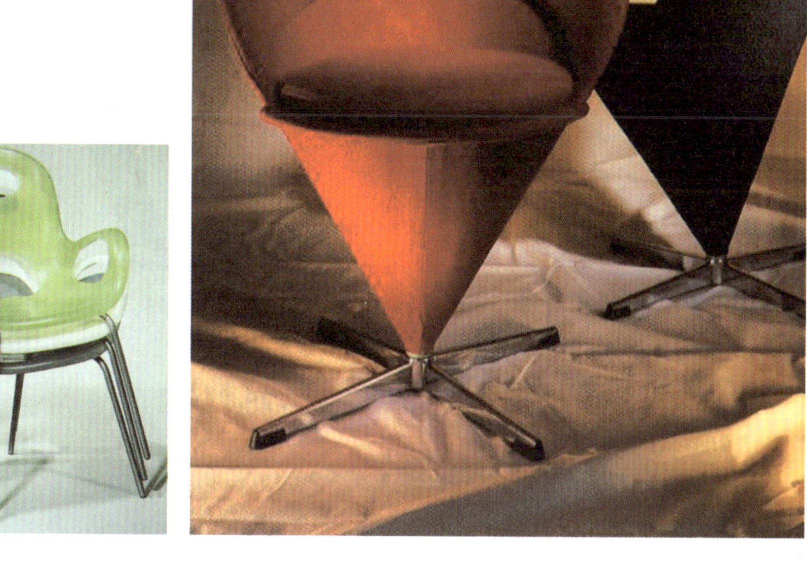

图 4-32 “月光”椅，法国，菲利普·斯达克 1983 ~ 1989 年间设计
图 4-33　语构应用 “甜筒” 椅

语构应用中将不同的材料、形态组合，并且与实际应用功能和场景密切相连，同时考虑它的耐用性和存放的便利性（图 4–32、图 4–33）。

4.3　实现与条件分析

家具产品的实现必须对人的行为方式、特点、活动场所、工作状态或休闲状态进行分类比较（图 4–34 ~ 图 4–40）；还需要对材料谙熟以及对加工工艺随时追踪与了解；需知，这是做好任何设计必备的基本条件，也是客观存在的基本要素。

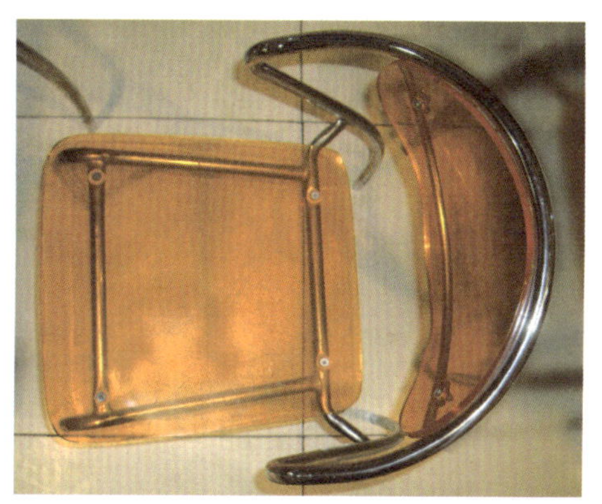

图 4-34　藤与金属材料、流线形形态的躺椅是语构的存在样式
图 4-35　亚克力与金属材料的语构形式

图 4-36　家具设计必须对人的行为方式全面掌握这是设计的不可缺少的要素

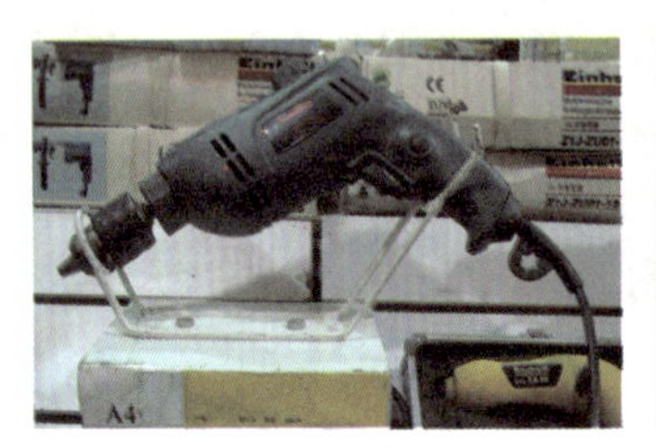

图 4-37　对材料市场的调研和对其特点的熟知也是家具设计中不容忽视的要素

图 4-38　在家具设计与加工中，设计师应对工艺、工具予以了解，知道工具的作用将有助于对家具结点设计的深入把握

图 4- 39　对材料的质感、美感研究不容忽视，它是组成设计全部因素的终端成效所必备的

图 4-40　材料对家具的影响至关重要

思考与练习

1. 简述现代设计符号的简约特征。
2. 请用符号的方法设计两款家具，类别自定，并画三至五张草图。

第5章

家具构造与尺寸

第5章　家具构造与尺寸

人机学的早期知识源自于人类的远古；而现代人机学体系却起源于第一次世界大战。人机学最初以人体尺度与活动范围为依据；如今，它已扩展到心理学、结构、力学等，当然它永远不会离开美学。

家具是文化、艺术与技术结合的产物，是符号的载体，具有丰富的语汇。造型设计同样具有艺术的属性。家具造型设计与设计的其他领域在美感的追求和功能的物化等方面并无本质的不同，而且在形式美的构成要素上有着共同的法则，这是人类在长期的生产与艺术实践中，从自然美和艺术美概括提炼出来的艺术手法。家具造型的形式美法则和其他造型艺术一样，具有民族性、地域性、社会性，同时家具造型又有它自己鲜明的个性特点，并受到功能、材料、结构、工艺等因素的制约。

5.1　人机与行为

家具造型设计的形式美法则是在统一与变化、均衡与稳定、模拟与仿生中实现的，其中比例与尺度是核心，是构造家具的必备要素。

1. 比例

所有的造型艺术都存在比例的问题，家具造型也是如此。家具的比例包括三个方面的内容：一是家具整体或局部构件的外形的长、宽、高之间的比例；二是家具的局部与整体或局部与局部之间的比例关系；三是家具与家具之间以及家具与室内空间之间的比例关系。按比例法则进行的家具外观形式设计，能使家具具有良好的比例，给人以美的感受和适用性。

什么样的比例是美的呢？通过在长期的劳动过程中的观察，人们发现有些数比关系具有良好的视觉效果，并经过进一步的探索与应用，逐渐形成了一些比例良好的数学法则。就几何体而言，某些具有明确外形的几何形，如果应用得当，将会产生良好的比例关系。这里所指的明确外形即指周边的比例和位置不能改变，只能按比例缩放，否则就会失去其拓扑特征。如正方形、等边三角形等，这些形状在家具造型中得到了广泛的应用。

对于较常见的长方形，人们在长期的实践中已经摸索出了若干具有美的比例关系的形式，如黄金比矩形、单矩形、双矩形、群化矩形等；而对于若干几何体之间的组合关系而言，它们之间应具有某种内在的联系，即它们各自的比例应基本接近或相等；对于若干毗邻或相互构成的几何形，则应使它们的对角线相互平行或垂直。

2. 尺度及尺度感

尺度是指在进行家具造型设计时，根据人体尺度、人的生理活动范围和使用要求所形成的特定的尺寸范围。家具的比例只有通过尺度控制才能得到具体体现。同时家具的尺度还包含了家具整体与部分、家具与家具及其他物品之间、家具与室内空间环境及其他陈设相衬托时所具有的一种大小印象，这种不同的大小印象给人以不同的感觉，如舒畅、开阔、拥挤、沉闷等，这种感觉叫尺度感。

为了获得良好的尺度感，除了从功能要求出发确定合理的尺寸外，还要从审美角度出发，调整家具在特定环境中相应的尺度，以获得家具与人、与物以及与室内环境的多因素协调。因此，首先应对人肢体的生理与活动范围及尺度有一定的了解，但也要灵活运用，具体情况适当调整（图 5–1）。

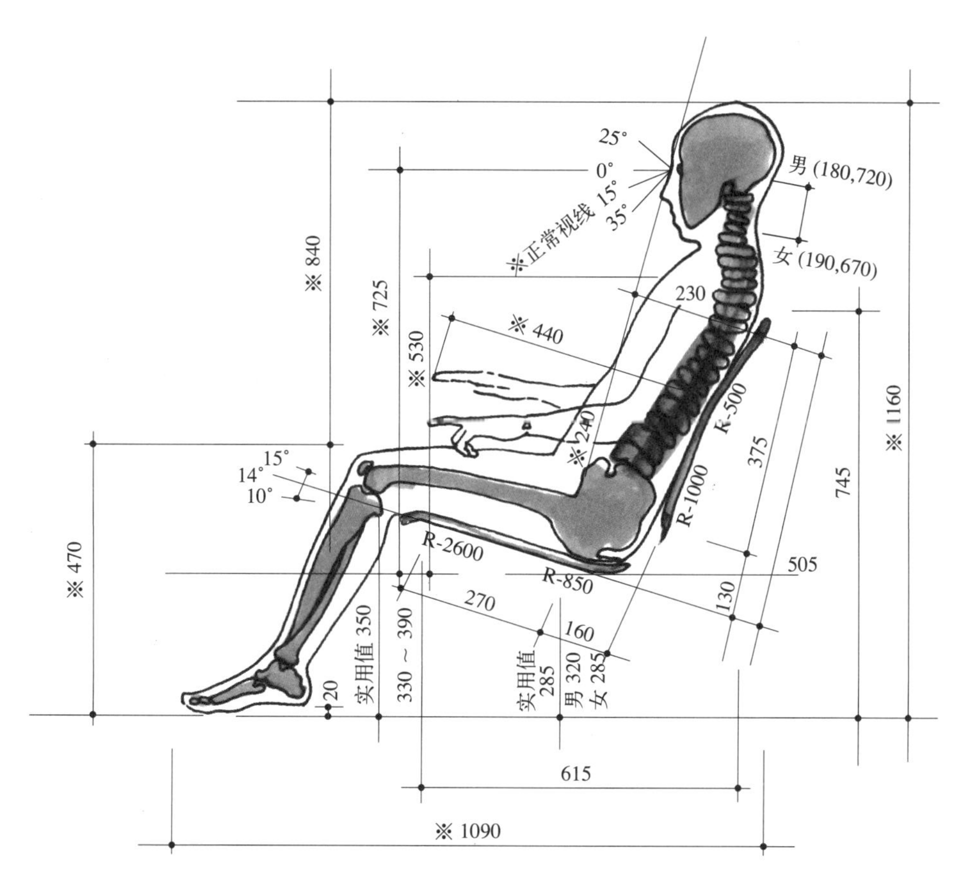

图 5-1　人类肢体的活动范围及尺度

图 5-2　人们日常的生活姿态

人的行为动作在日常生活中是千变万化的，需要设计师勤于观察，用速写加以记录。但同时也应看到人的行为动作是有限的，如：人的上肢取物极限为 1.85 ～ 2.10m，这是规律，但规律也是可以改变的，如站在小凳上等（图 5–2）。

设计师在构思时，首先要观察人的坐姿及生活规律、特征，从中获取丰富的信息，以此拓展自己的思维空间，并依据人的活动姿态与椅子的三视图进行模拟构思与图解（图 5–3），为进一步细化方案与构思奠定基础。

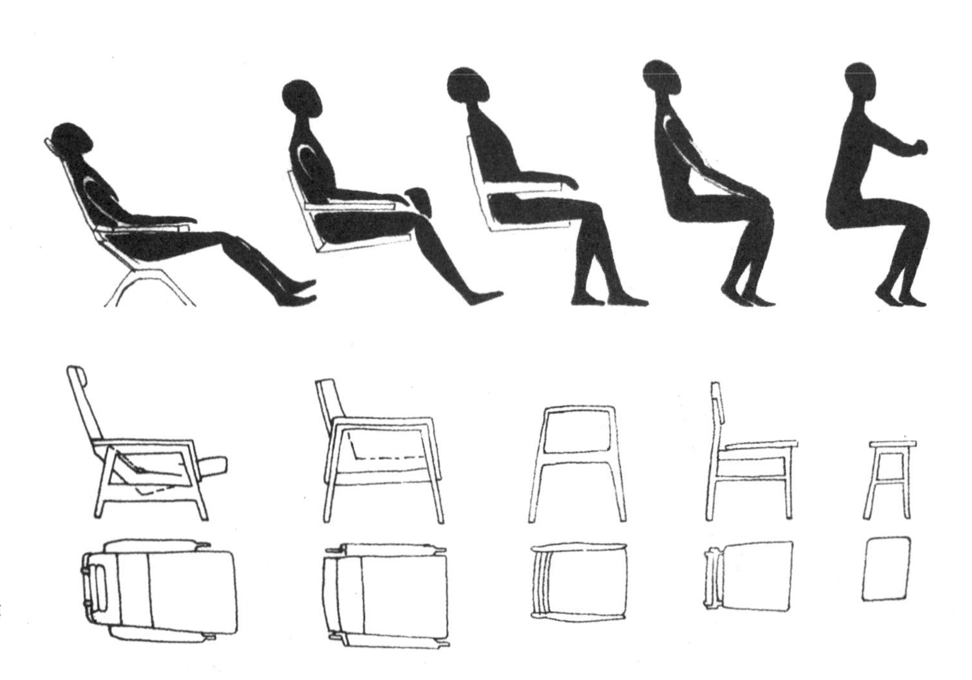

图 5-3　不同活动姿态需要不同形式的座椅

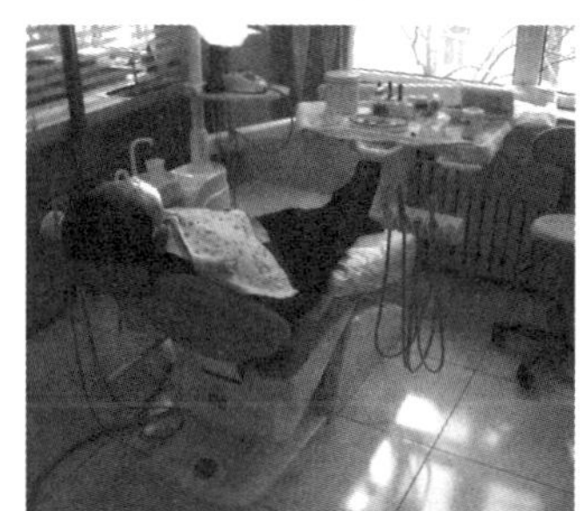

图 5-4　牙医设备

坐的方式在特殊行业里，如医疗座椅在人们坐的动作范围和医生的活动范围，可能会促使椅子功能多样和形态多变，这是设计师应当实地观察的（图 5–4、图 5–5）。

唐代设计者依据当时人们矮坐的习惯进行座椅的特定构思，同样没有离开对人机行为的认识与利用（图 5–6）。人的行为过程及尺寸是人机关系在设计中的必然因素，就基本规律而言，古今大致相同。明代的圈椅与肩、两手之间的关系符合人体工学原理，现代人就坐也会感到舒适和受到呵护，这说明设计师考虑了这一问题（图 5–7）。

而人的躺姿与躺椅正是基于人的睡床状态，以此设计出的躺椅可供人们休息和短暂睡眠等，都说明人机关系在不同时代的相同性与差异性（图 5–8）。

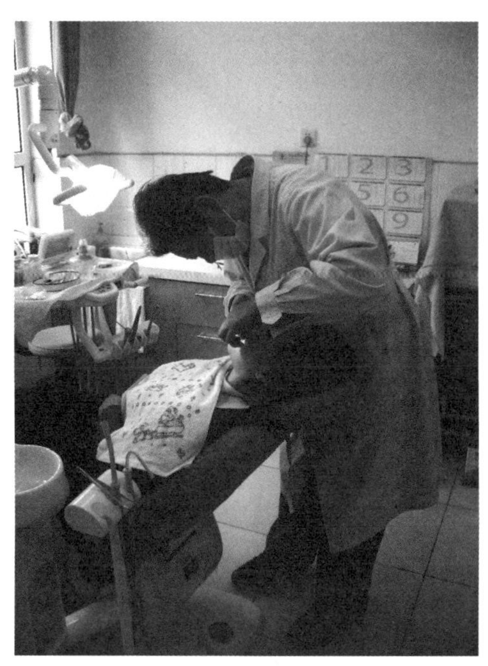

图 5-5　特殊行业里的家具设计体现行业的特征、规范、精密、系统和多功能，并十分兼顾其人机关系

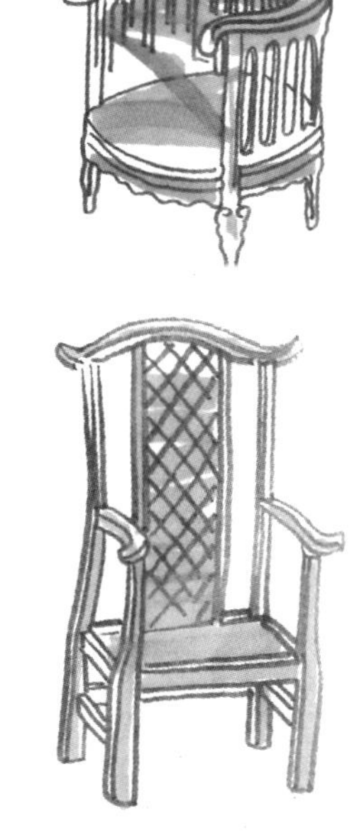

图 5-6　唐代座姿与座椅的关系

图5-7　明式圈椅　在扶手、背靠方面都充分考虑了人机关系，其形态的美感及触觉感受均显现对人的呵护

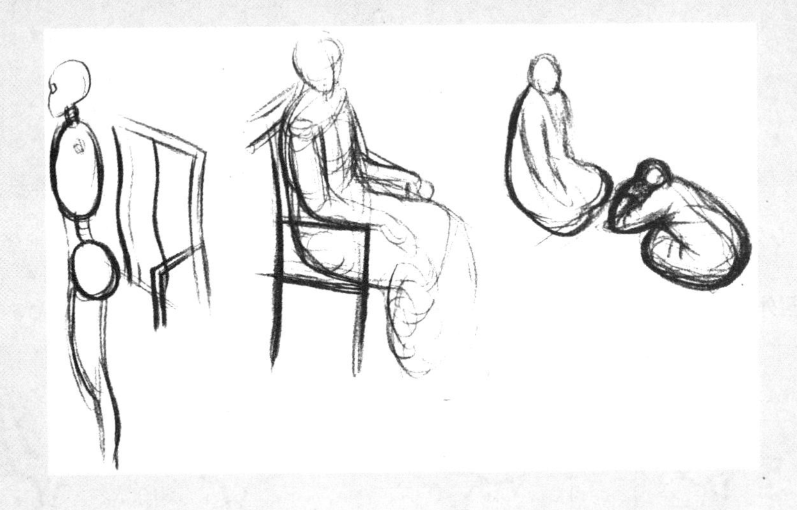

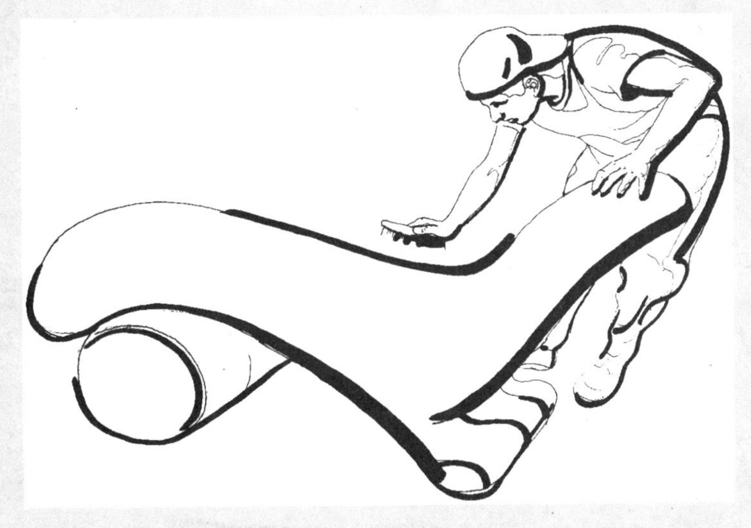

图 5-8 躺椅：人的休息状态是自由自在和随意的，这就为椅的形态设计提供了灵感创意的来源

5.2 常用尺寸

表 5–1 中的座椅尺寸为国外现代设计名家设计的名椅基本尺寸以供参考。

国外设计师设计的座椅及尺寸（单位：cm） **表 5–1**

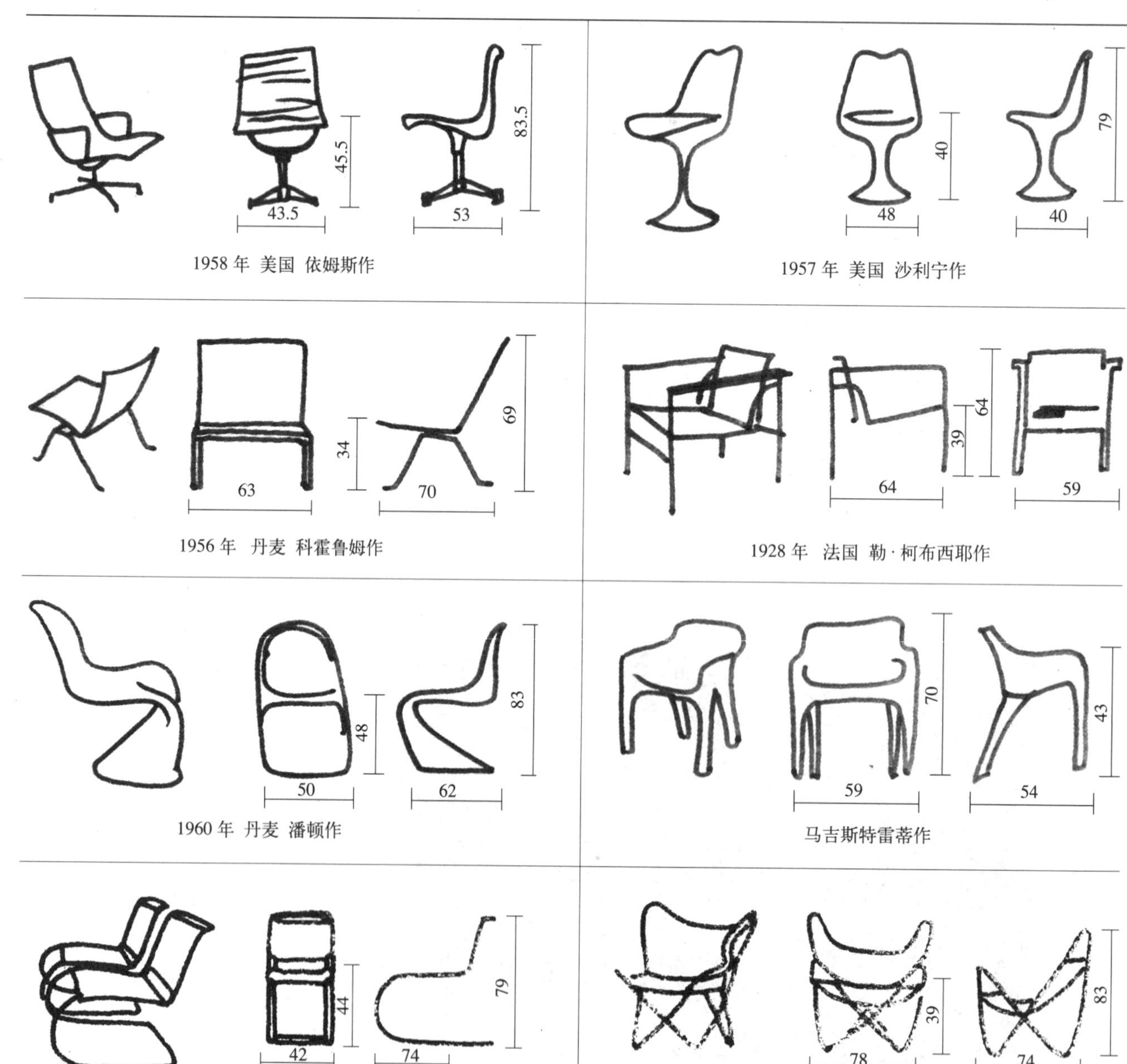

续表

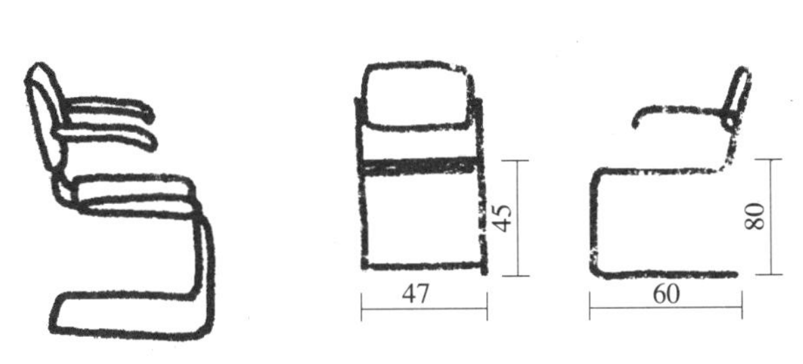

1928 年 美国 布瑞耶尔作

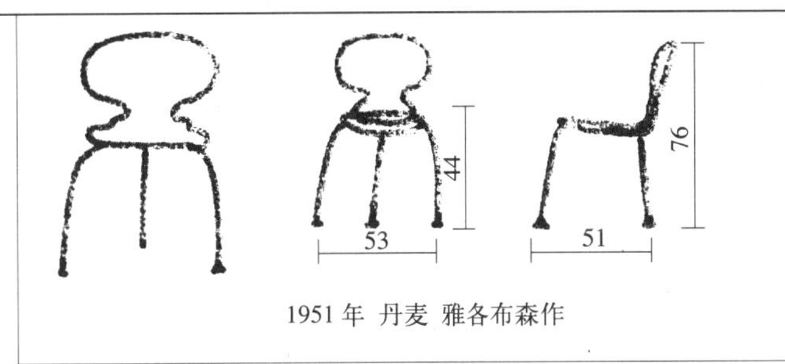

1951 年 丹麦 雅各布森作

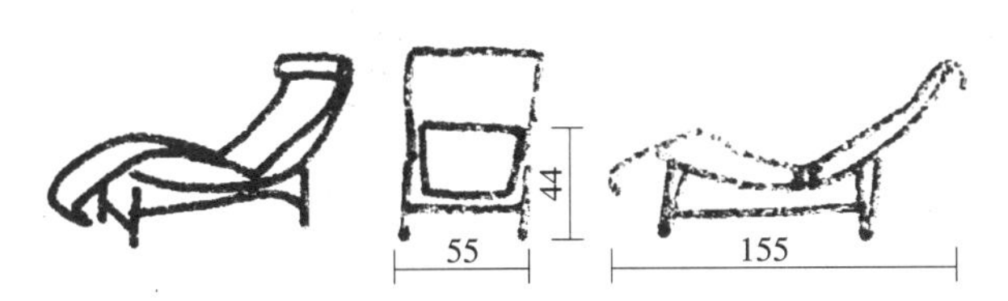

1927 年 法国 勒·柯布西耶作

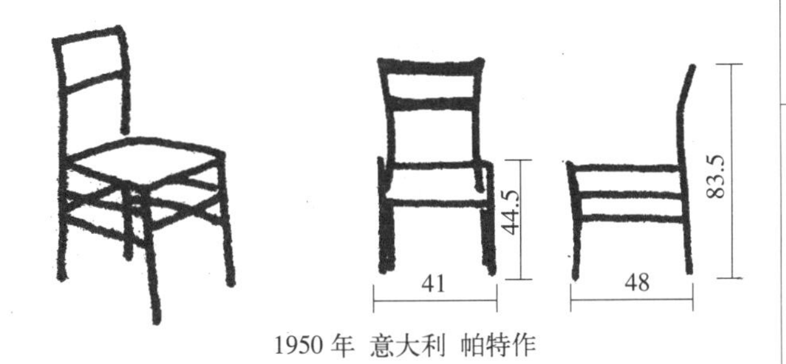

1950 年 意大利 帕特作

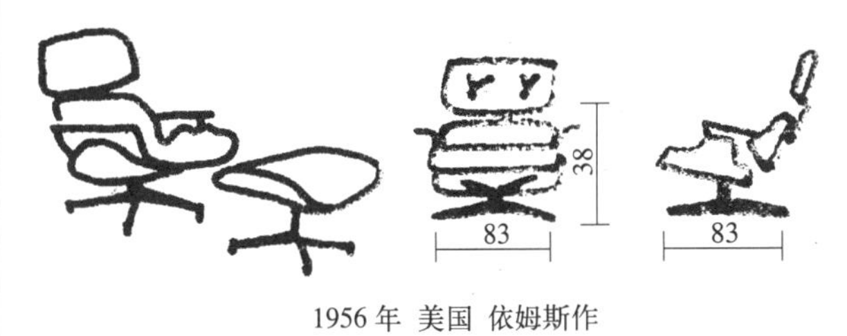

1956 年 美国 依姆斯作

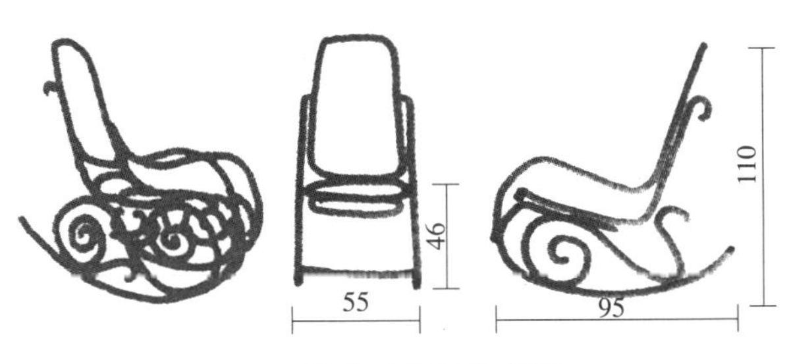

1850 年 托尼特作 摇椅

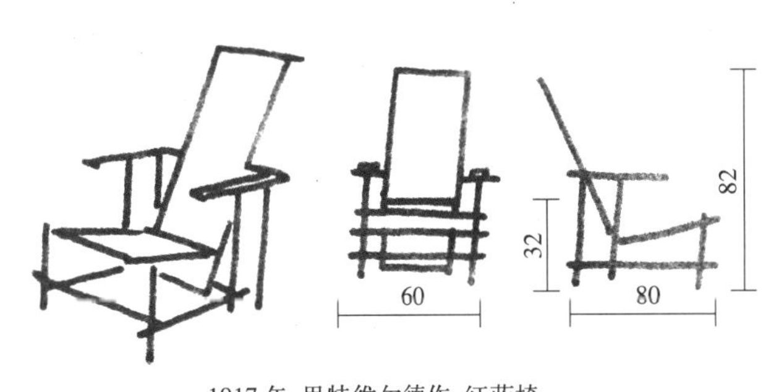

1917 年 里特维尔德作 红蓝椅

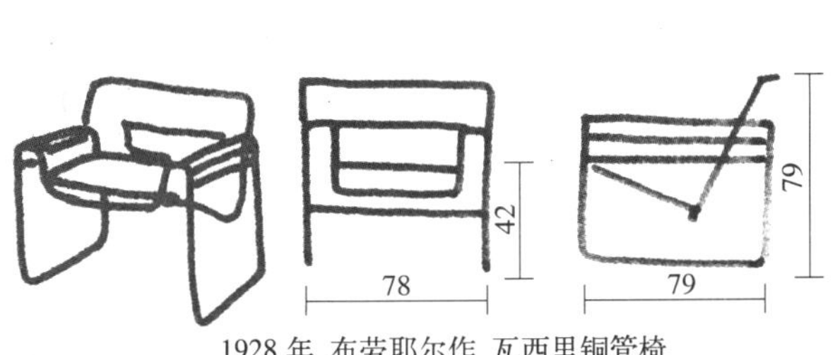

1928 年 布劳耶尔作 瓦西里铜管椅

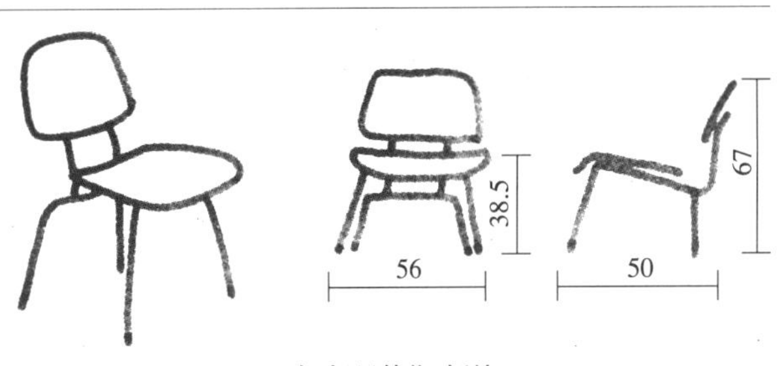

1850 年 托尼特作 摇椅

续表

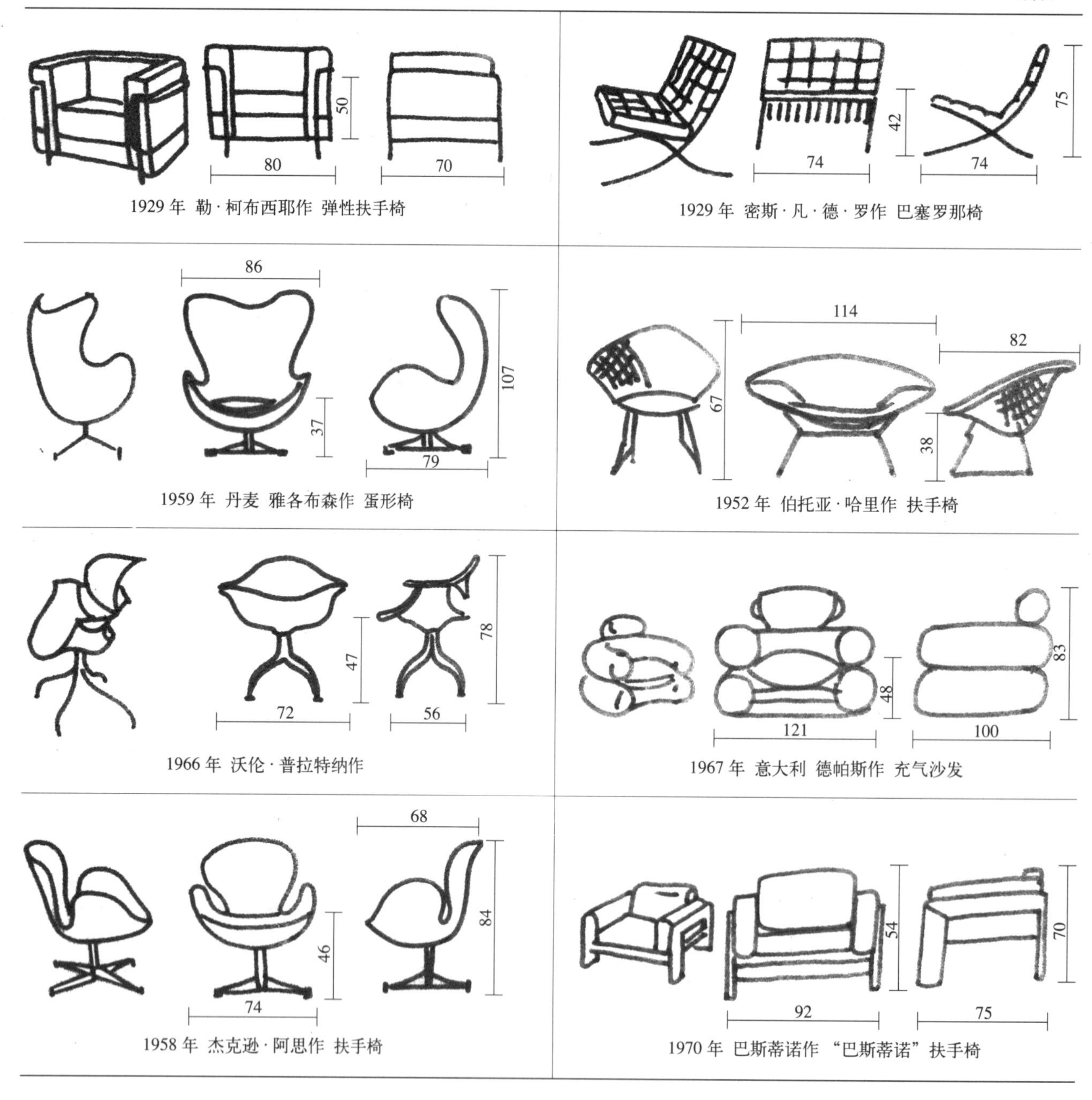

5.3 人机构造与材料

5.3.1 家具常规构造及尺寸（沙发、椅类）（如图 5-9 ～图 5-18）。

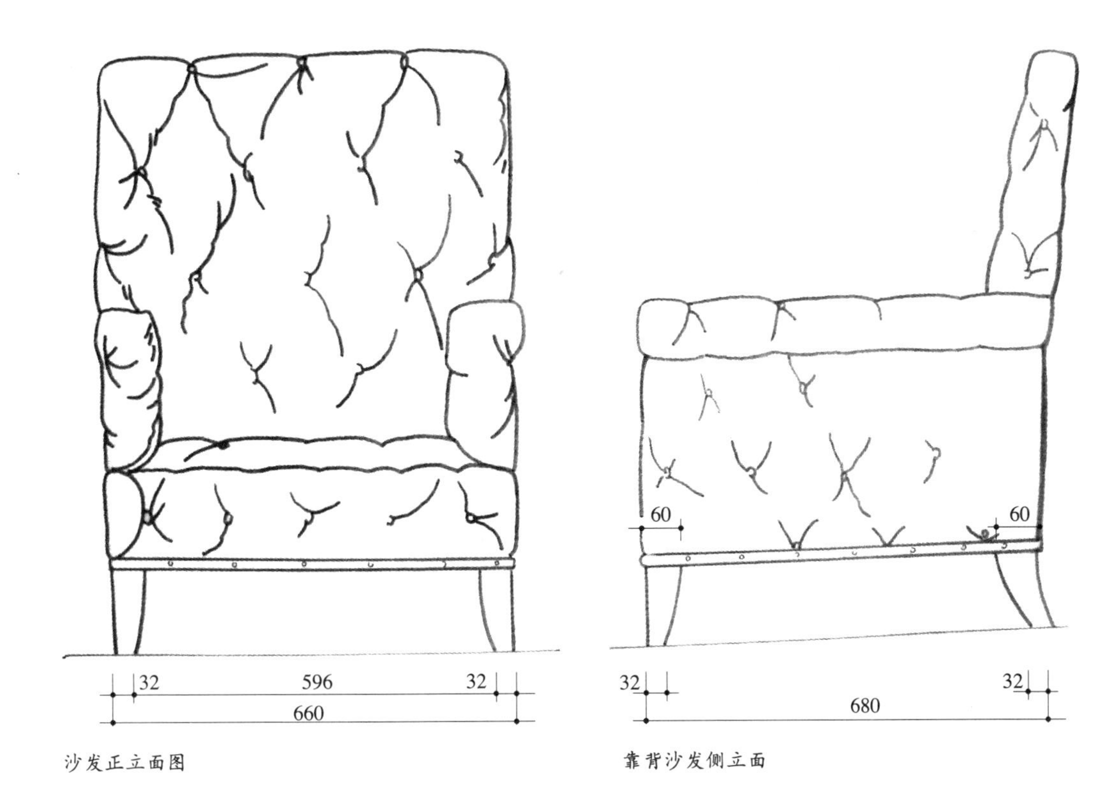

沙发正立面图

靠背沙发侧立面

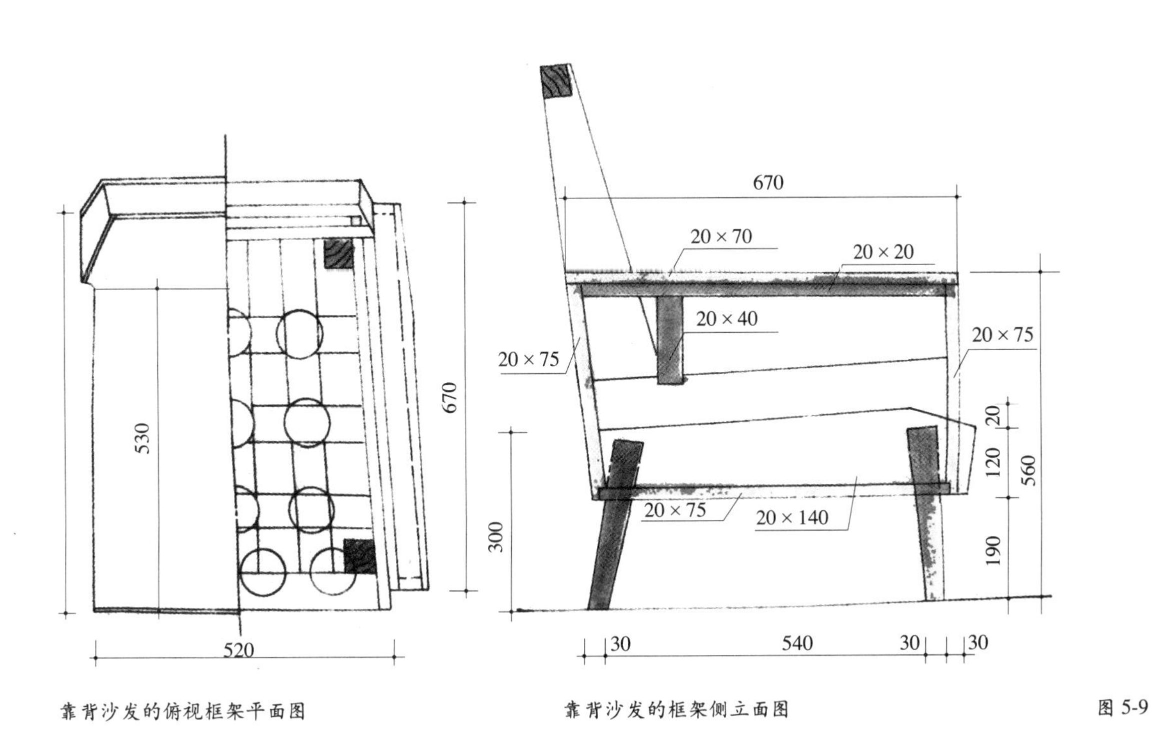

靠背沙发的俯视框架平面图

靠背沙发的框架侧立面图

图 5-9

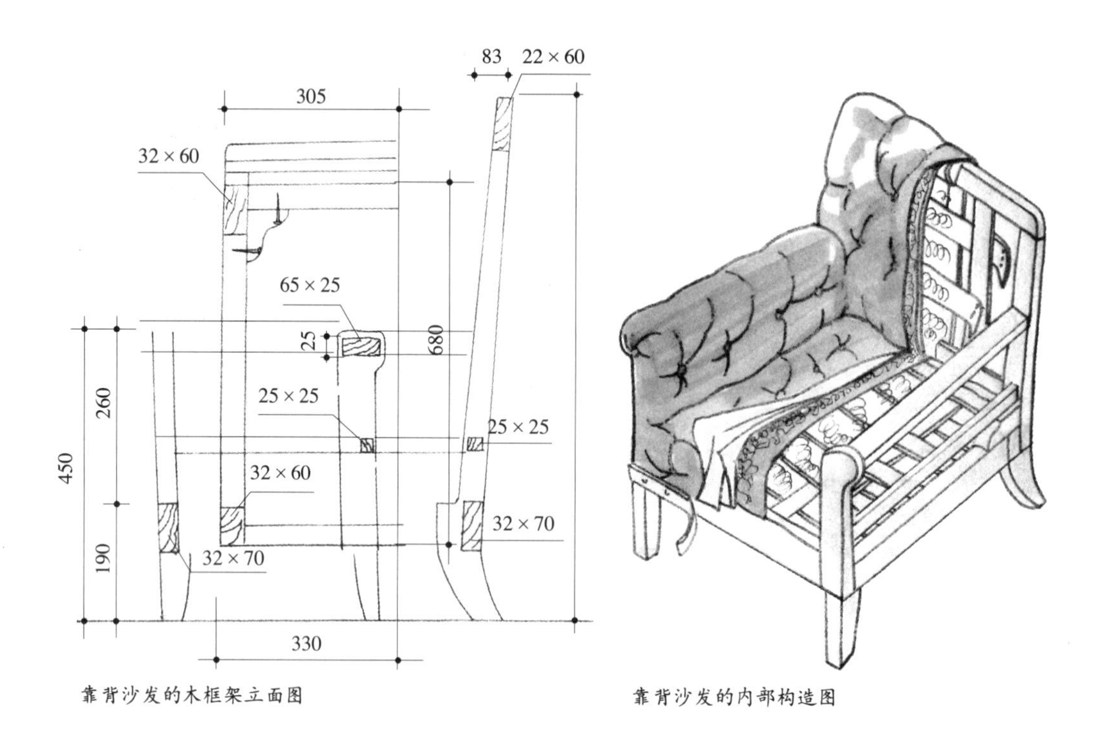

靠背沙发的木框架立面图

靠背沙发的内部构造图

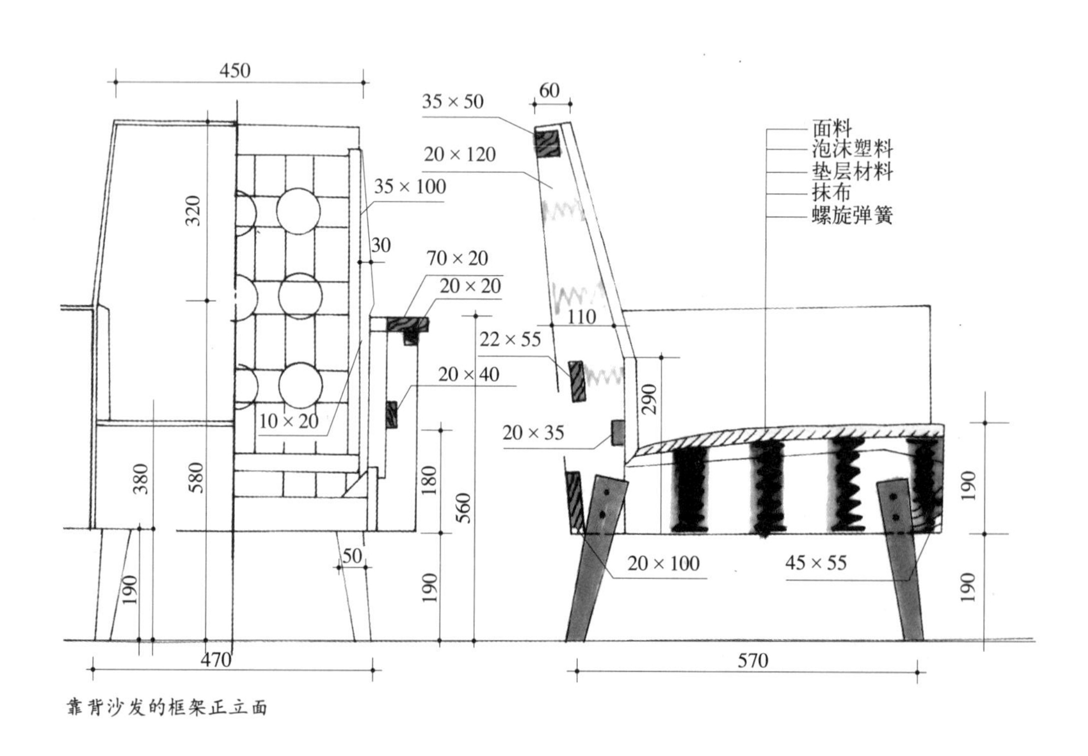

图 5-10 靠背沙发的构造与材料

靠背沙发的框架正立面

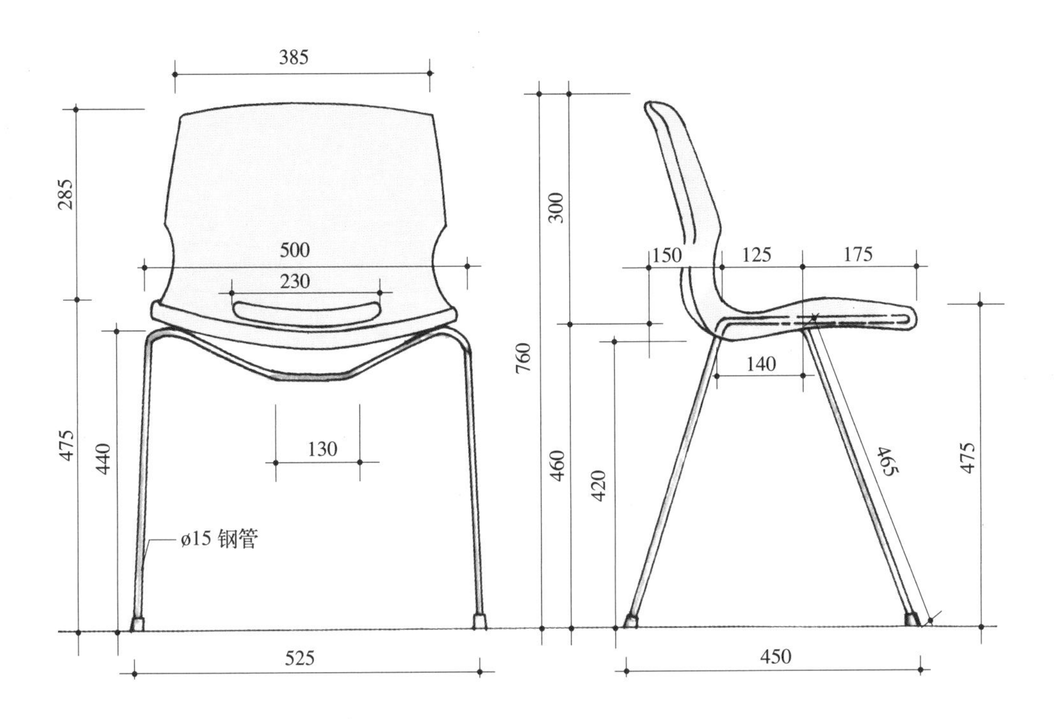
385
285
500
230
475
440
130
ø15 钢管
525
300
150
125
175
760
140
460
420
465
475
450

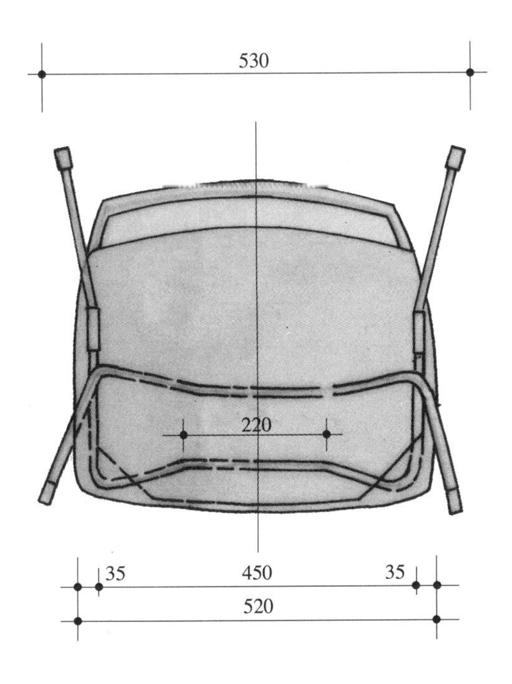
530
220
35
450
35
520

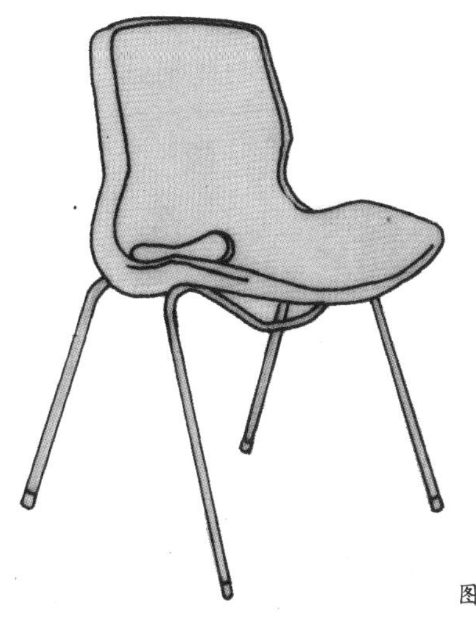

图 5-11　塑料靠背椅

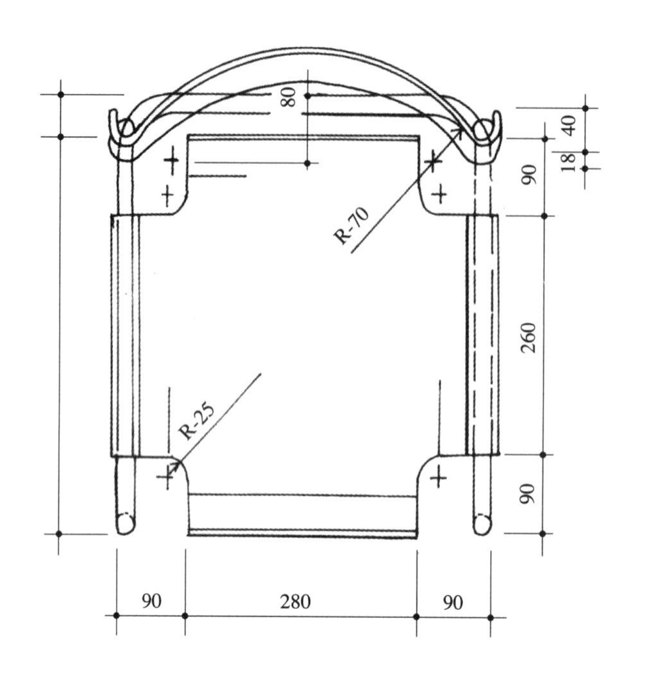

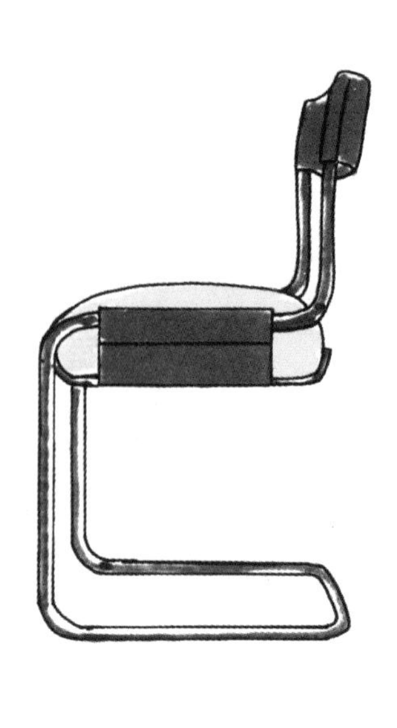

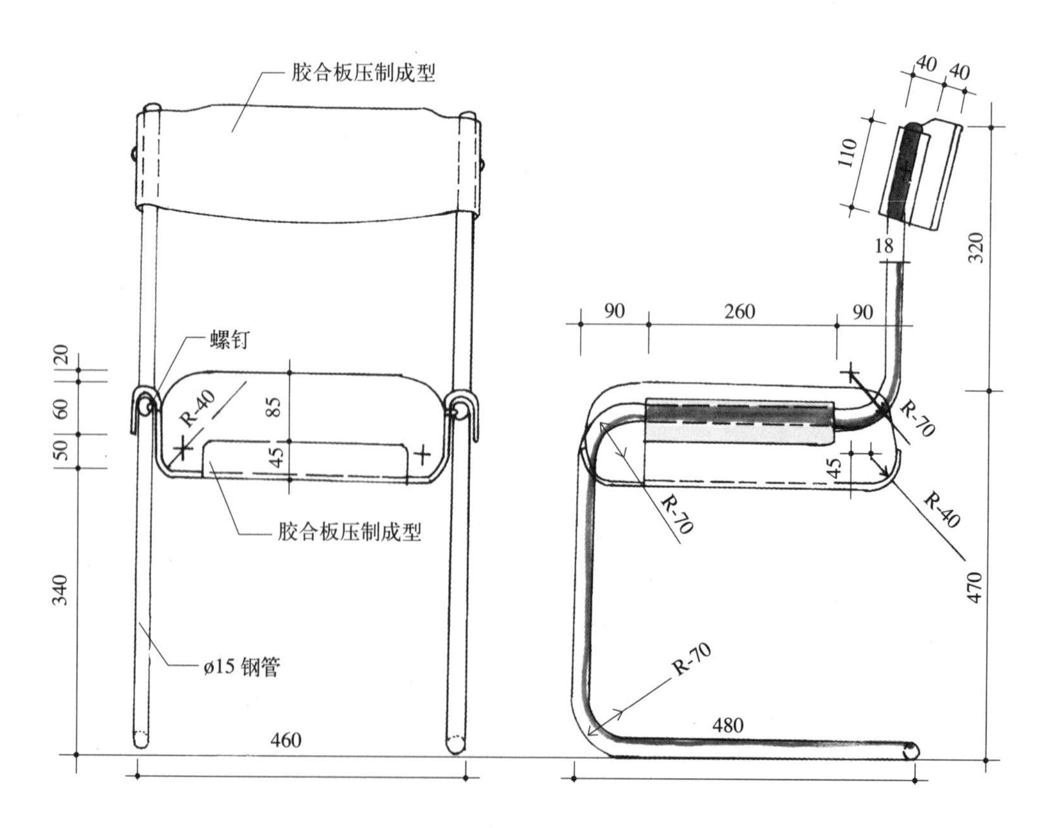

图 5-12　钢管靠背椅构造图

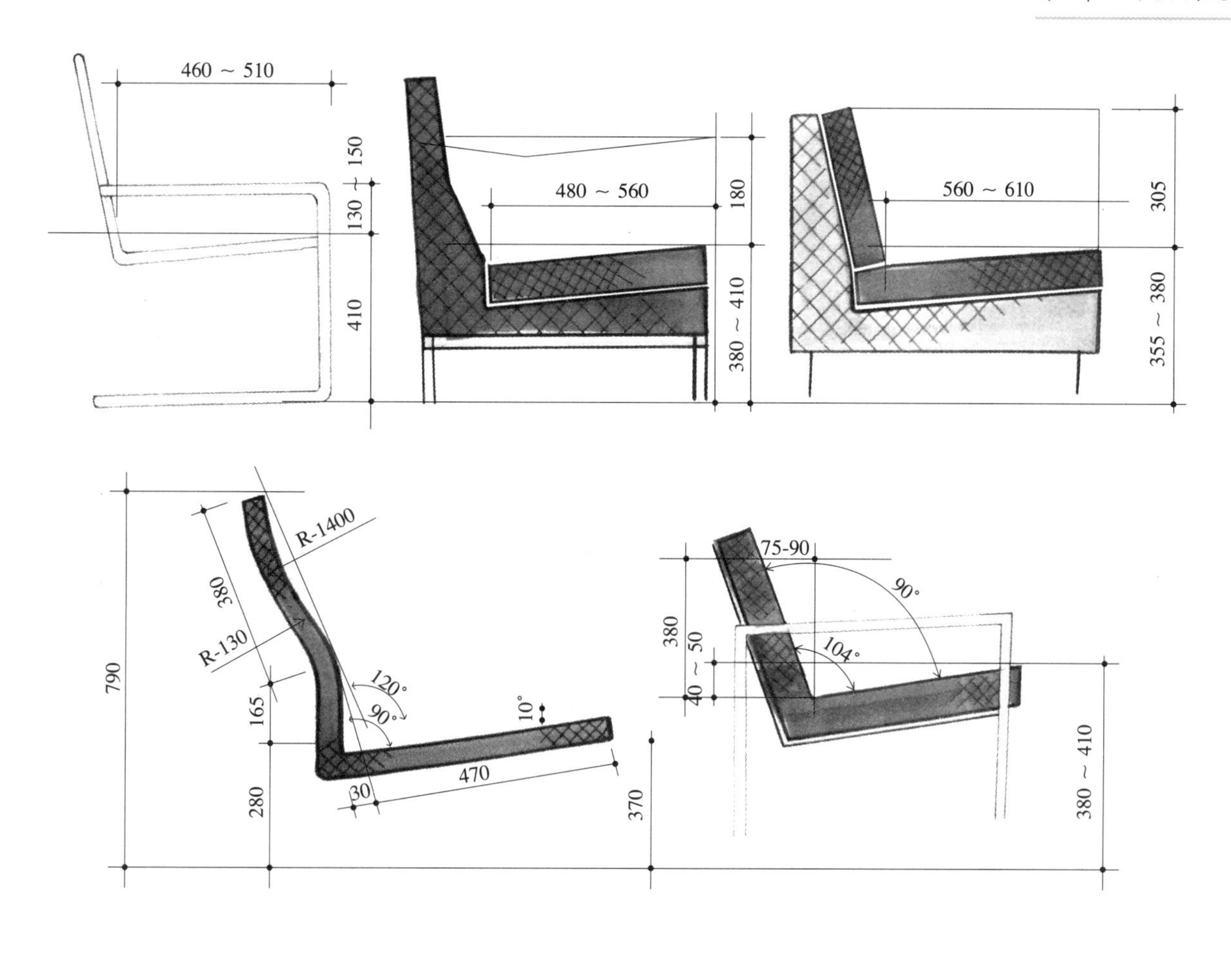

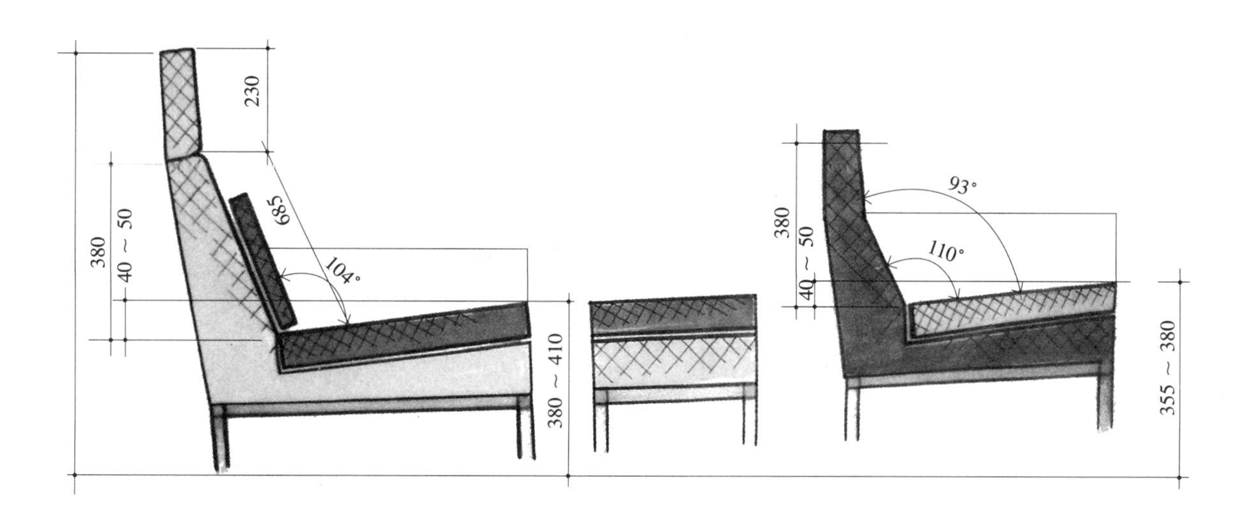

图 5-13　靠背沙发椅结构尺寸图

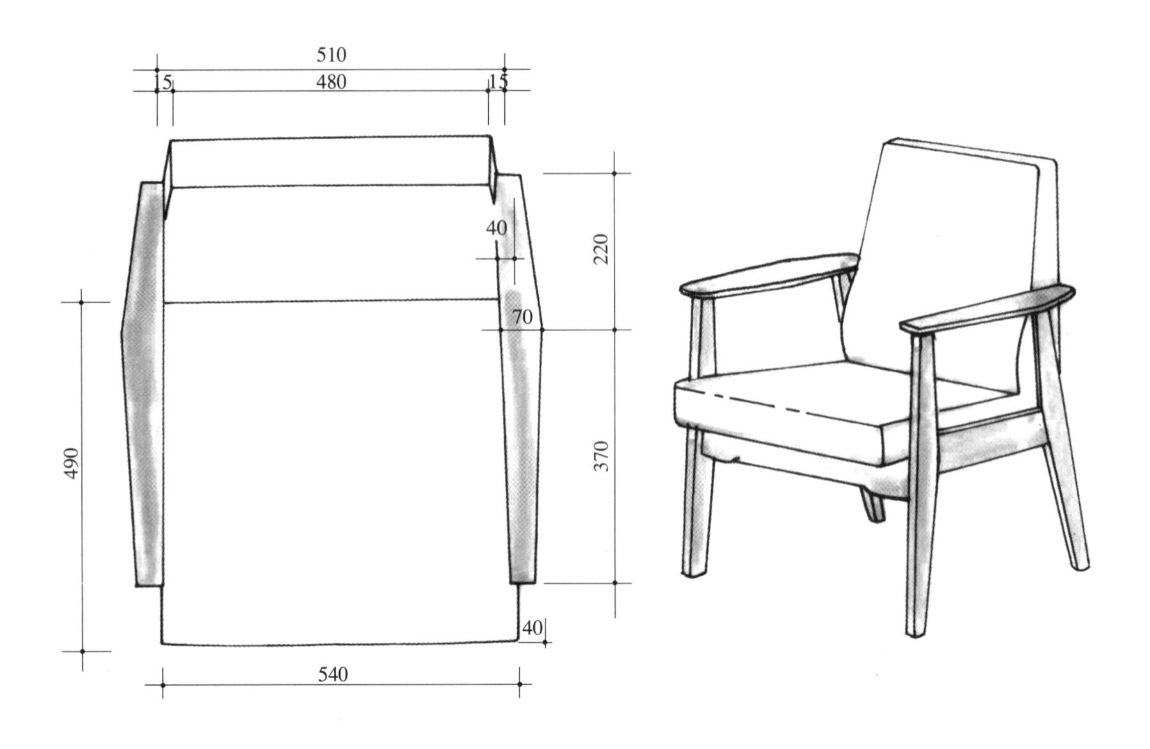

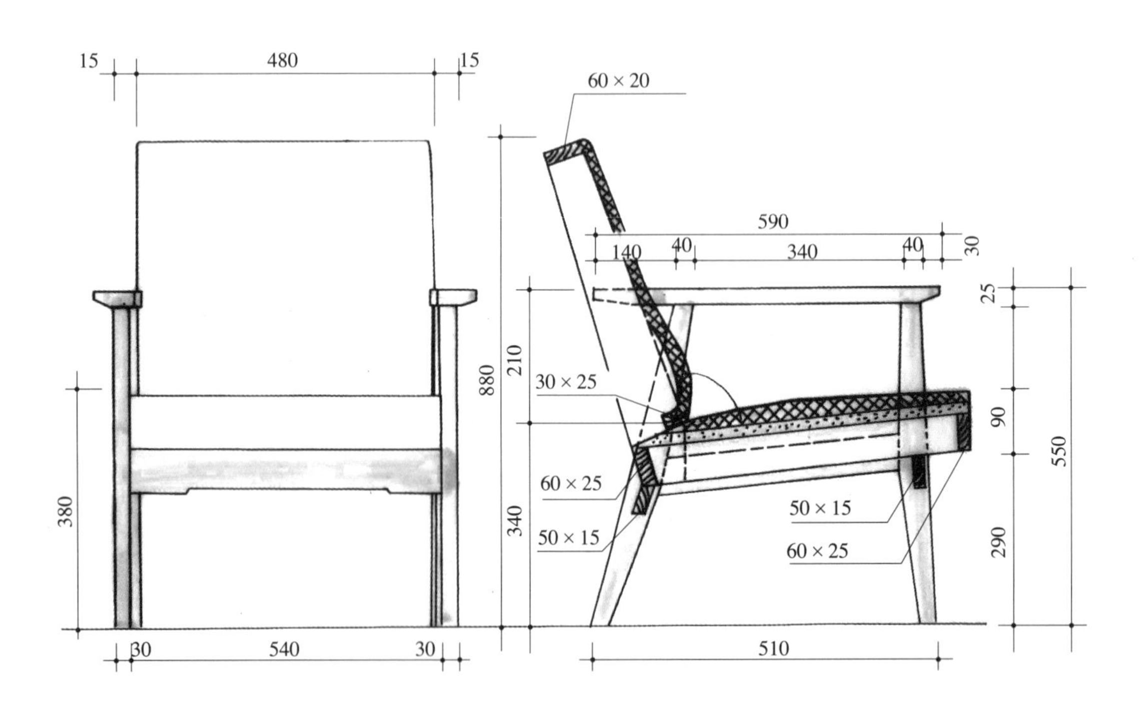

图 5-14 背靠式带扶手椅结构尺寸图

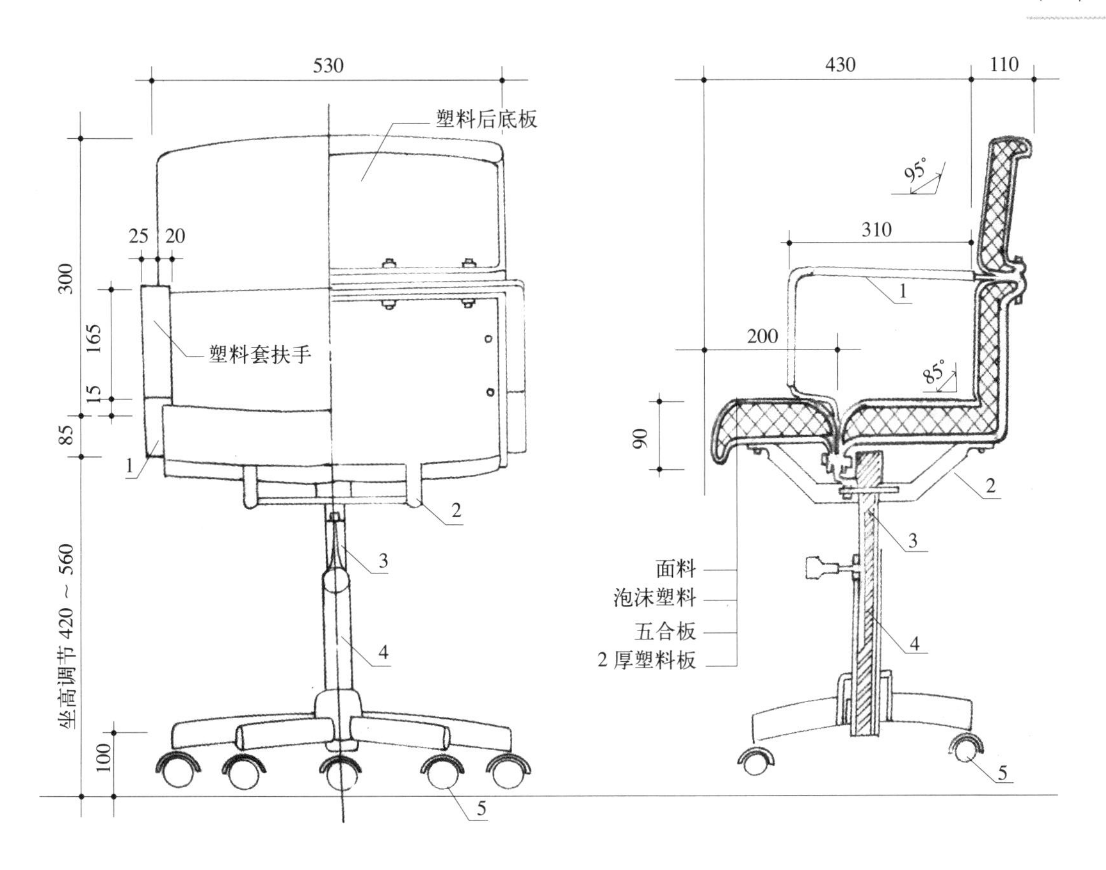

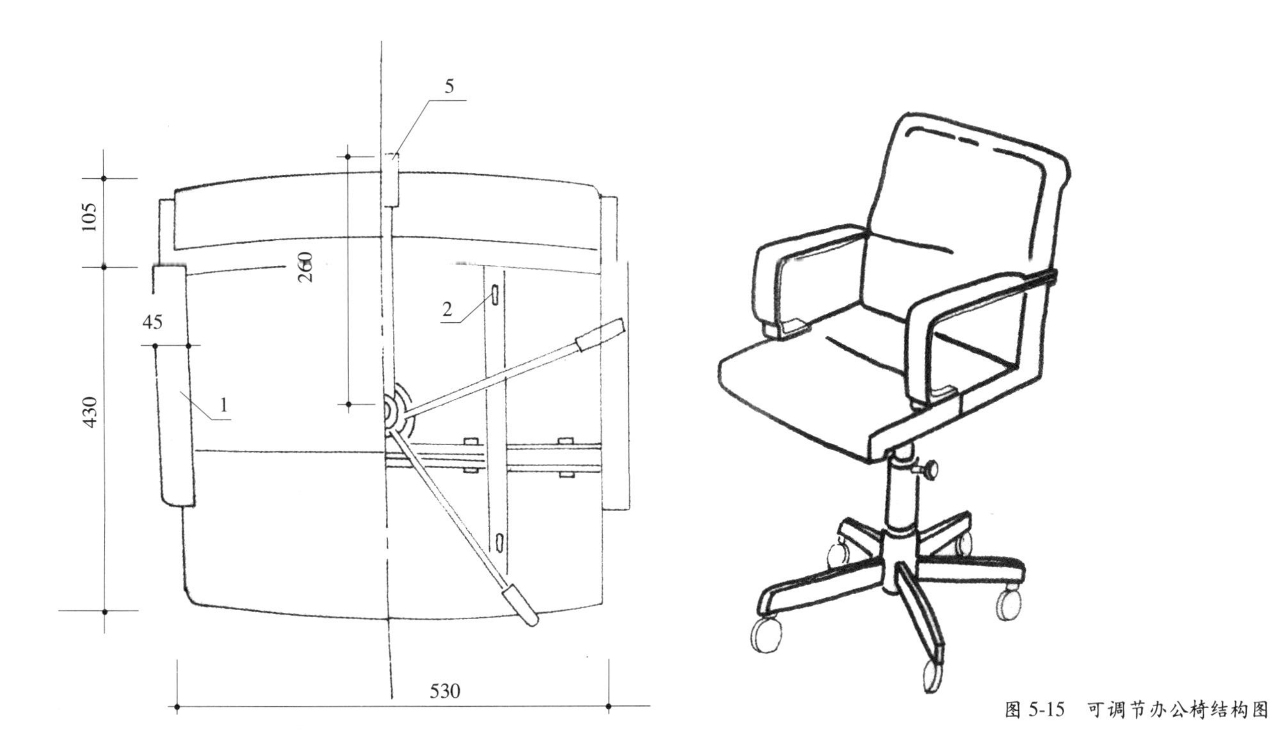

图 5-15　可调节办公椅结构图

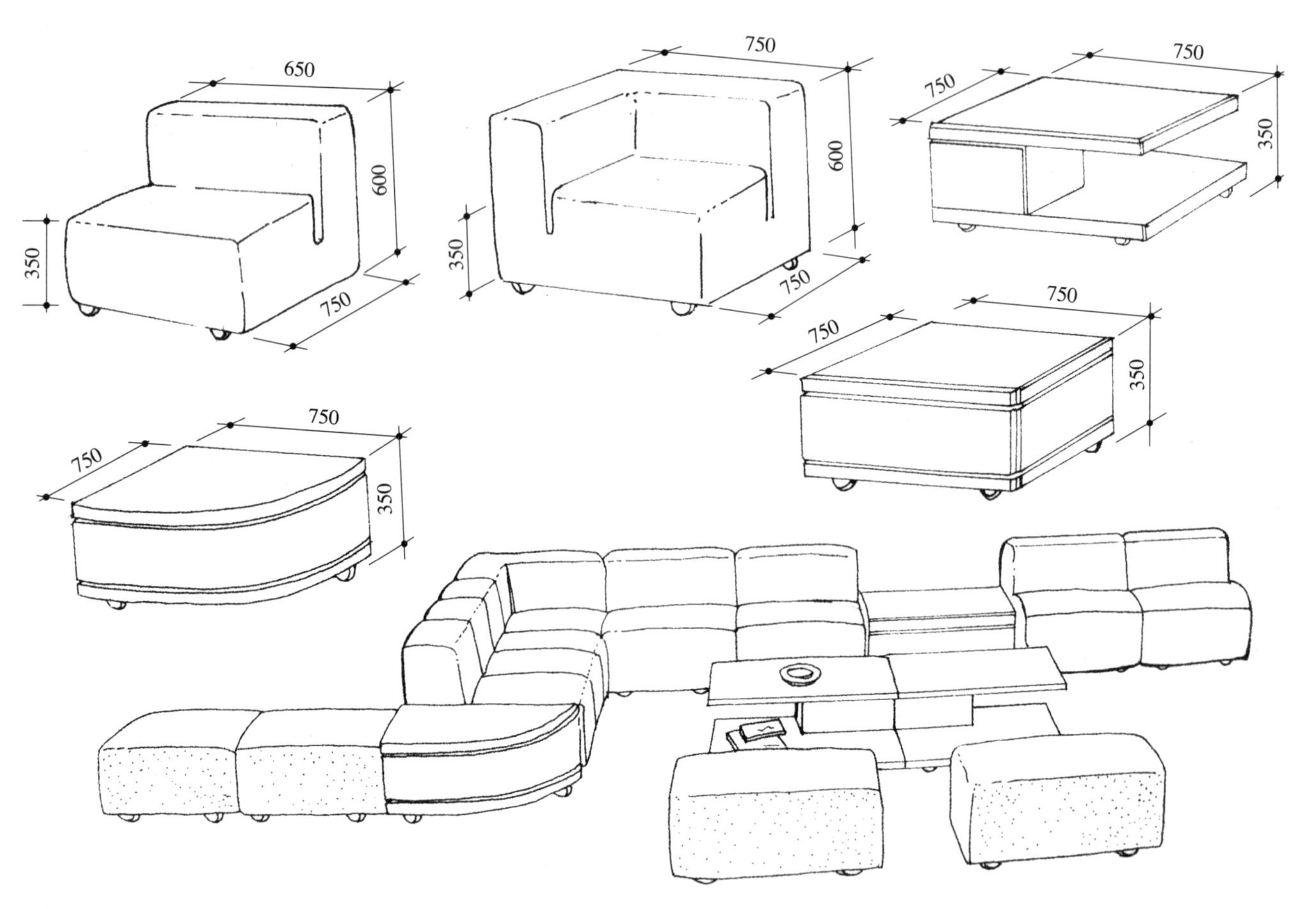

图 5-16 组合沙发尺寸参考

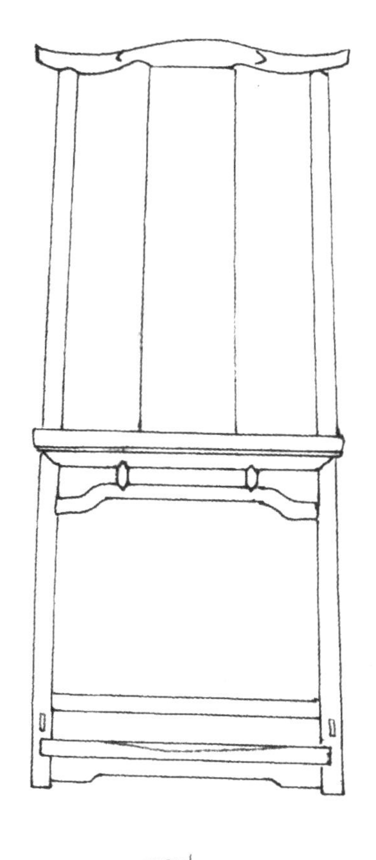

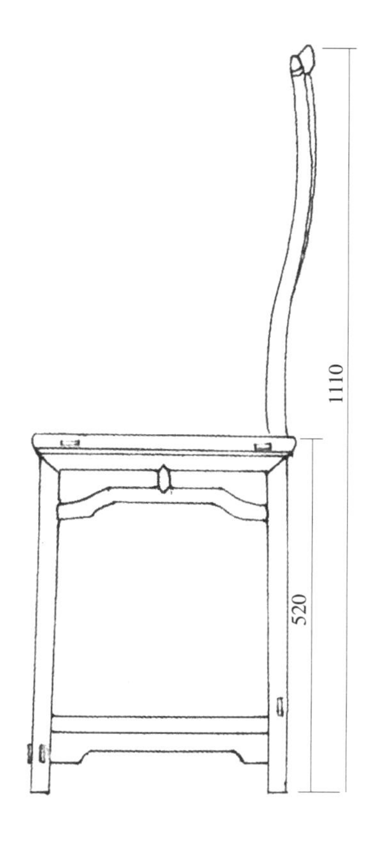

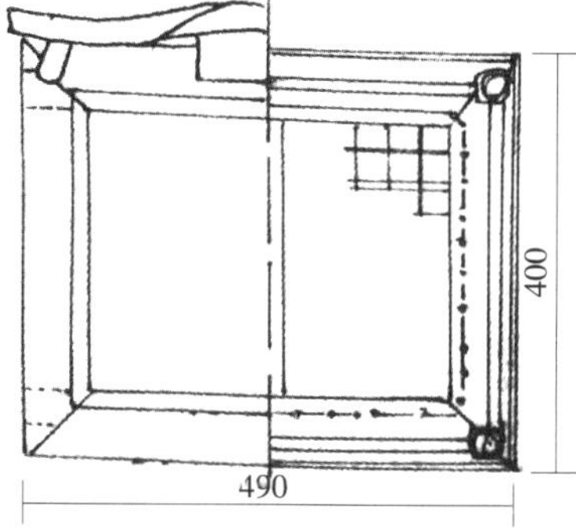

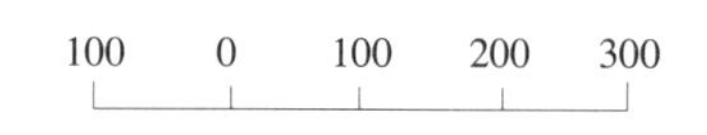

图 5-17　明代背靠椅构造图

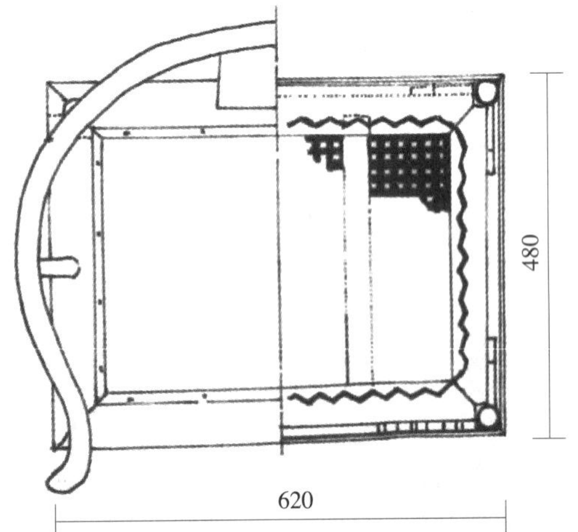

100 0 100 200 300

图 5-18 圈椅

5.3.2 基本品类与部分人机尺寸（中国明清以来部分家具）

(1) 靠背椅：(W)50.5cm×(D)43cm×(H)48cm(长规)；58.5cm×45cm×99.5cm；

(2) 圈椅：62cm×48cm×53.5cm，59cm×45cm×97cm，60cm×48cm×97cm（以下单位序列方式同上）；57cm×45cm×92.5cm，62cm×48cm×98cm，61cm×50cm×99.5cm；

(3) 灯挂椅：8cm×46cm×110cm；

(4) 扶手椅：58cm×47cm×115cm，59cm×47cm×82.5cm，59cm×47cm×82.5cm；

(5) 官帽椅：（四出头、二出头）54cm×45cm×97cm，58cm×47.5cm×108cm，45cm×59cm×112cm，56cm×43.5cm×104cm；

(6) 玫瑰椅：58cm×47cm×85cm，56cm×45.5cm×85cm，57.5cm×46cm×81.3cm；

(7) 交椅：69.5cm×53cm×54cm，69cm×46cm×98cm，68cm×46cm×96cm；

(8) 双人椅：110cm×106cm×98.5cm，120cm×107cm×82.5cm；

(9) 躺椅：72.0cm×92cm×101cm；

(10) 太师椅：60cm×45cm×50cm；

(11) 木鼓凳：43cm×53cm；

(12) 四开光坐墩：38cm×47cm；

(13) 交杌：56cm×46cm×52cm。

5.3.3 椅子的座面、背靠倾斜度常用数据（表5-2）

椅了的座面与背靠倾斜度常用数据　　表5–2

使用功能要求	工作椅	轻工作椅	轻休息用椅	休息用椅	带枕躺椅
∠α	0° ~ 5°	5°	5° ~ 10°	10° ~ 15°	15° ~ 23°
∠β	100°	105°	110°	110° ~ 115°	115° ~ 123°

5.3.4 现代床常用尺寸参考（表5-3）

现代床常用尺寸参考　　表5–3

单人总长	双人总长
1200mm × 1900mm 1200mm × 2100mm	2000mm × 2200mm 1800mm × 2200mm 1800mm × 1900mm 1800mm × 2000mm 2000mm × 2200mm

这里的家具与厨房均有互动的联系
图 5-19　选自意大利设计年鉴

5.4　居室空间的置入

现代居室设计在实际应用中，关于人机尺寸不是一成不变的，所谓个性化、人性化设计常常是以用户的实际情况现场确定，因此这里的尺寸仅供参考，重要的是提供一种思维方法。

5.4.1　厨房家具

厨房的"金三角"布局，常规设计有四种：单面墙的布局、"L"形布局、"U"形布局、平行布局。依据的是厨房空间的大小和使用方式的不同（图 5–19 ～图 5–25）。橱柜的常用尺寸可参考以下尺寸：1000mm × 1900mm；1000mm × 1600mm；1000mm × 1950mm；1200mm × 2000mm；800mm × 1650mm。

图 5-20　埃特·索特萨斯 1981 年"Casablanca"餐具与坐具两用架

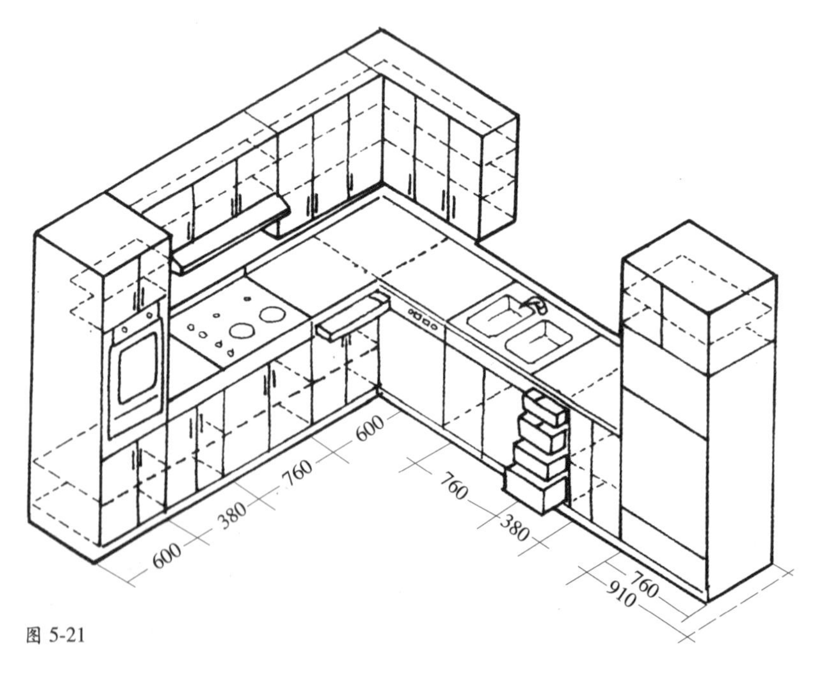

图 5-21

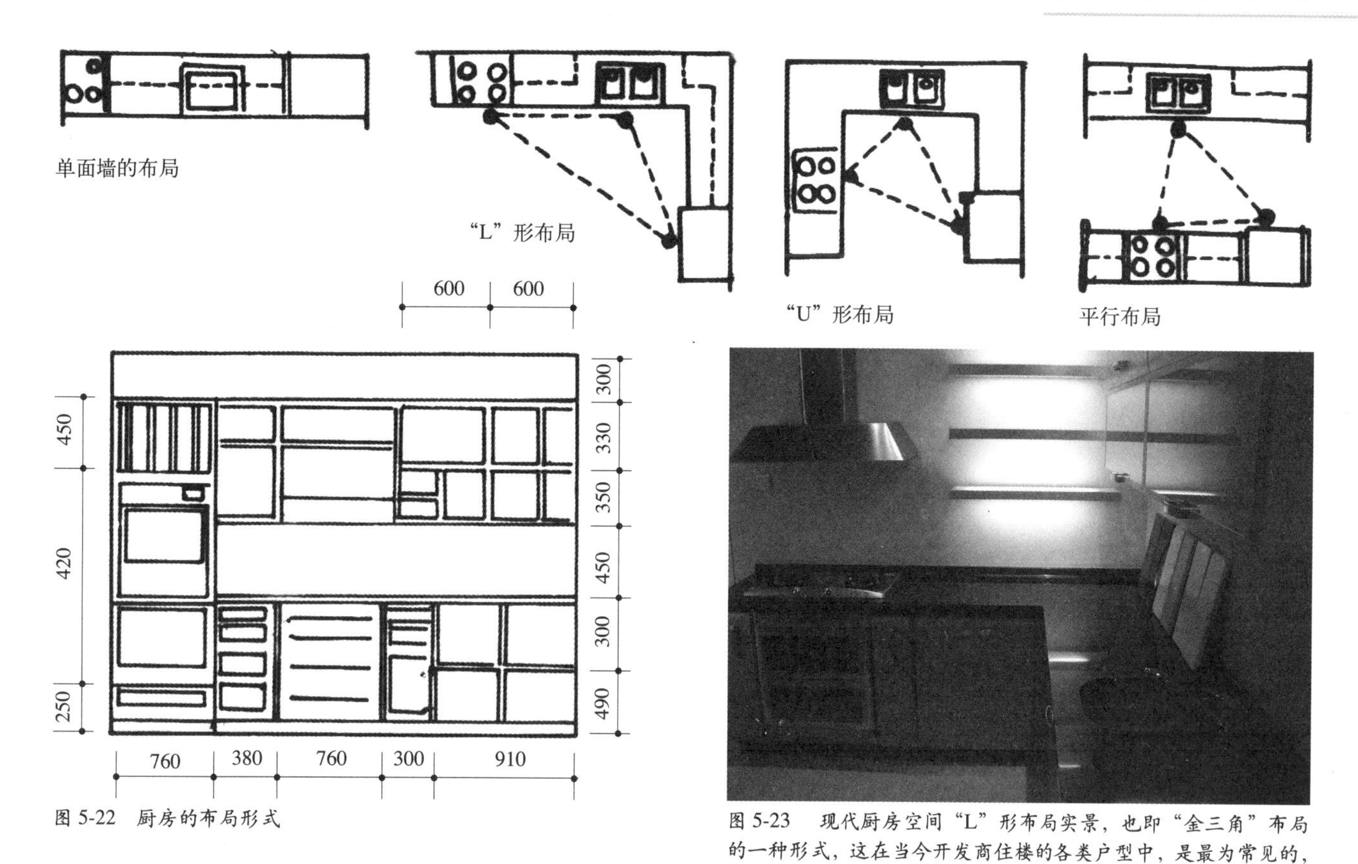

图 5-22 厨房的布局形式

图 5-23 现代厨房空间"L"形布局实景，也即"金三角"布局的一种形式，这在当今开发商住楼的各类户型中，是最为常见的，它使人的活动空间朝向两面墙，操作台面有明确的分区

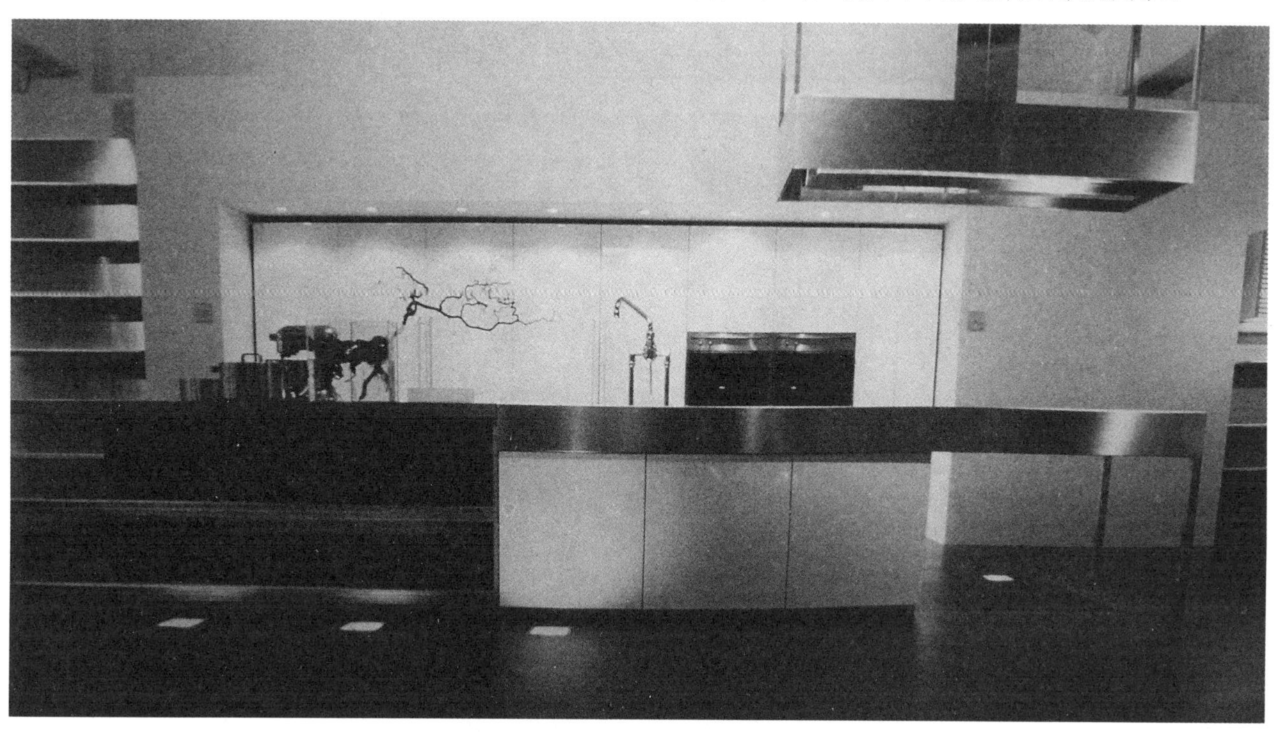

图 5-24 情境实景中的单面墙布局一瞥

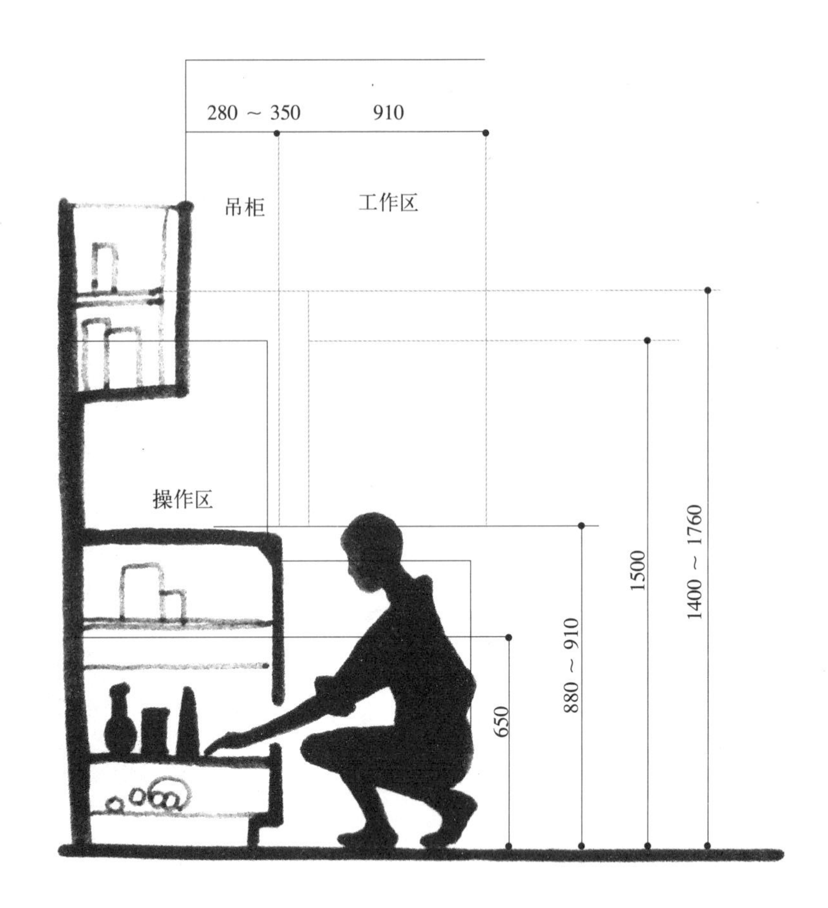

图 5-25　厨房剖视与人体活动尺寸
任何一个场景中的人与环境都与尺度相联系，这是空间尺度的要素

5.4.2　居室空间与家具置入（图 5-26 ~图 5-30）

图 5-26　在居室空间置入色彩的温馨、造型的简洁明快和人机关系、尺寸是主要的因素

图 5-27　儿童房居室应当体现色彩的艳丽、功能的多样、安全及趣味特征

图 5-28　成人主卧室的色彩、造型和格调都显现出生活的祥和

图 5-29　仿古式储衣柜，体现主人的怀旧情怀和对生活情调、文化品位及富足的向往

图 5-30　书桌与书架的结合是现代家具设计较为常见的组合模式，该写字桌、柜与主卧一体的空间布局，拓展了主卧的功能

5.4.3 桌台置入空间与桌、橱类部分尺寸

通常而言，双柜写字台宽为 1200mm，深为 600 ～ 750mm；单柜及单层写字台宽为 900 ～ 1200mm，深为 500 ～ 600mm，大班台宽大于 1800mm。其尺寸为：宽 830× 长 1330× 高 740mm，宽 800× 长 1250× 高 730mm。

餐桌及会议桌的桌面尺寸是按人均占用周边长为依据进行计算的。一般人均占用周边长为 550 ～ 600mm，较舒适的长度为 600 ～ 750mm（图 5–31）。

图 5-31　座椅的小巧与餐桌超大尺寸及多人的列席，在人机尺寸和空间分隔中都显示出互动的关系，它首先应在人的行为内在需求因素上展开

思考与练习

1. 根据该章节中提供的各式家具与尺寸，在其中任选一款，设计与之不同的家具造型。

2. 请简述椅子与人的行为之间的关系及日常生活的特征，并画出 3 ～ 5 张草图。

第6章

家具语意传达与案例

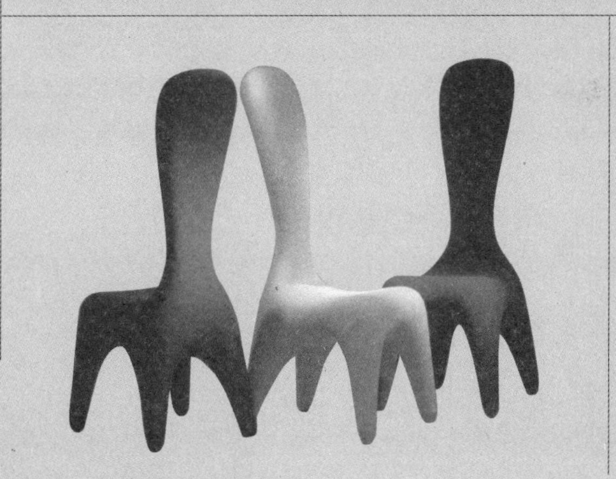

第6章　家具语意传达与案例

6.1　符号导入

设计师运用模拟化的图形、符号经过简化、调和之后导入特定的目标设计中，以此提高该设计形态的美感和鲜明的个性特色，从而提升产品的综合价值，使其提升其非物质性。这样的符号运用，灵感可能来自于动物、植物、花卉或人、动物的肢体语言和形态（图6–1、图6–2）。

古代明式圈椅、扶手椅也使我们看到符号运用的鲜明特征，如葫芦的外形与圈椅圈形扶手有着相似的元素（图6–3、图6–4），而鹿角的形状元素也被巧妙地移置入圈椅中（图6–5），这使我们看到设计符号在产品设计中的价值所在。

图6-1　“小狗”椅

图 6-2　隐喻并具有人体肢体形态的沙发（选自 2006 意大利设计来华展作品）

图 6-3　明式扶手椅
图 6-4　葫芦外形是图 6-3 明式扶手椅创意灵感的来源

图 6-5　具有鹿角形状元素的扶手椅

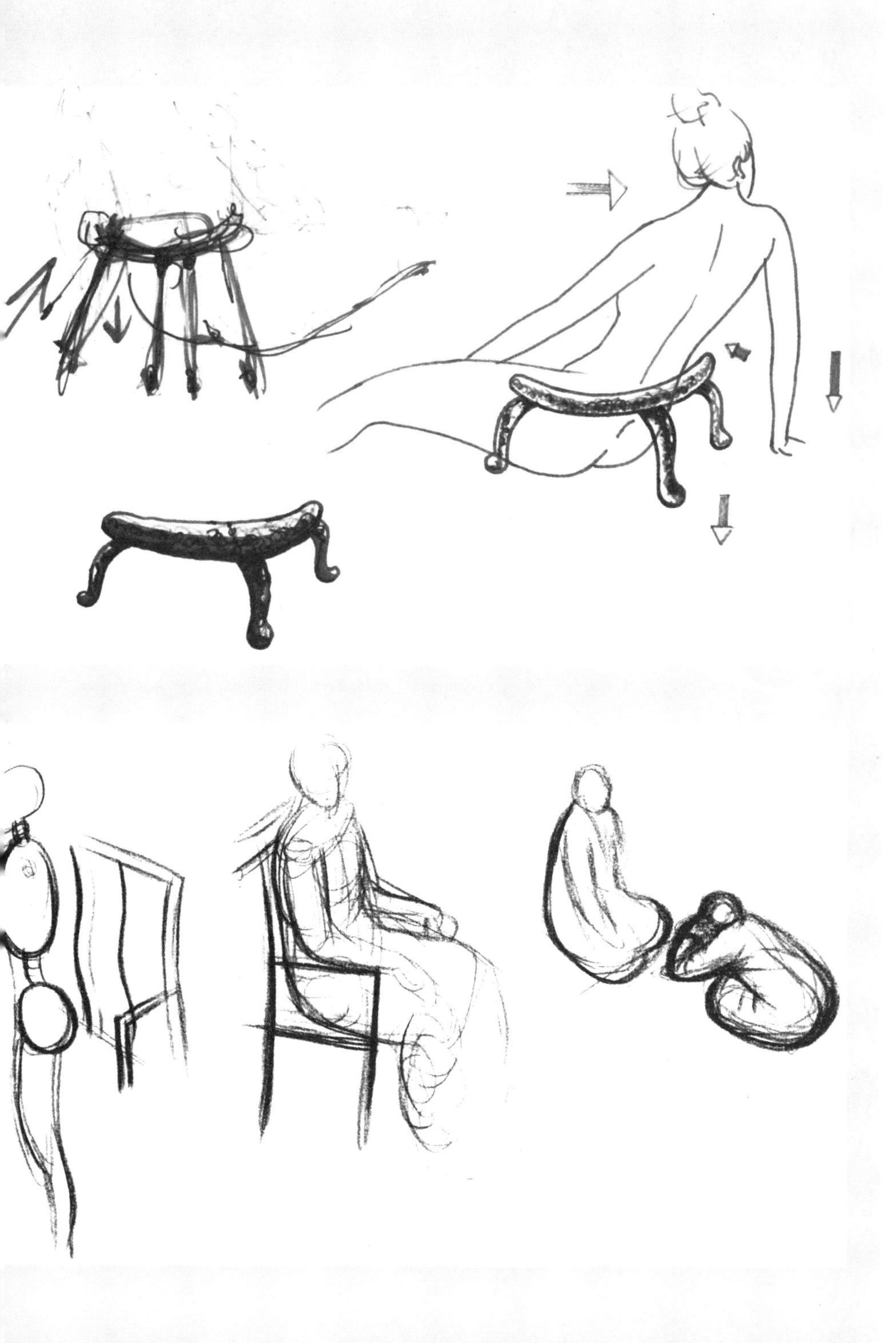

图 6-6　人的行为动态与座椅的形态及风格样式都具有互动性、同一性和时代性，并且，在椅子的形态的每一个细部，如扶手、背靠空洞等均与人体细部形态产生联系，并转化为具体的造型
法国菲利普·斯达克 1983 ~ 1989 年

6.2 隐喻与情感（形与色）

设计师运用一种较为含蓄的生活符号特征，它可能是动物、植物、人物，甚至可能是性别方面的特征符号，并巧妙拟人化地融入到家具设计中。同时，在色彩的设置上也会受到服装流行色的影响或自然界季节性的色彩影响（图6–7、图6–8）。

花卉简约形成为坐具的形态，有背靠的、扶手的，这是高级情感的呈现。方盒的元素与花瓶外形的整合是该设计的鲜明特征。

居室空间的整体色调体现在家具陈设和柔软的织物上，及室内吊顶、墙面、地板的色调上。更重要的是它以体现居室主人属性而设定色调，以隐喻的情感播撒在造型元素的形与色中。如儿童房色彩的明亮、鲜艳，主卧间、书房色调的古雅、温馨（图6–9～图6–12）。

图6-7　服装流行色与款式的季节性多变特征对家具的影响

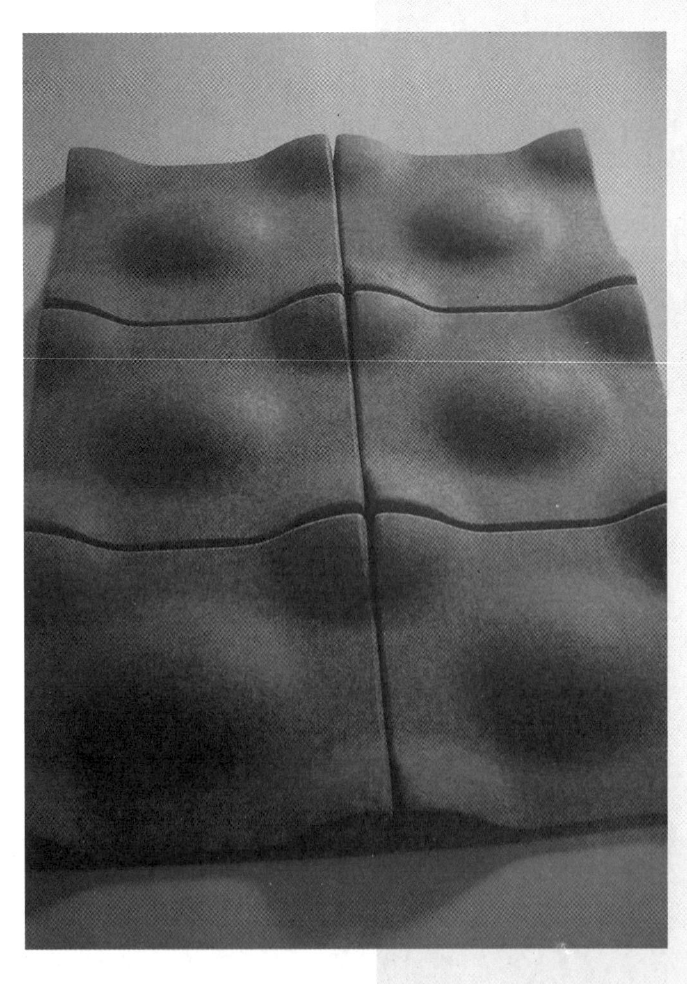

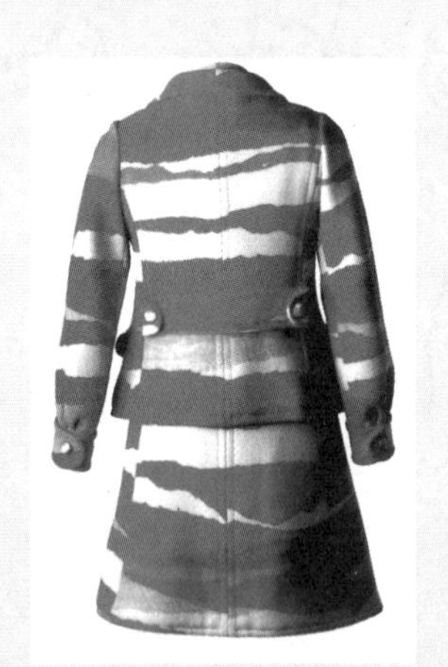

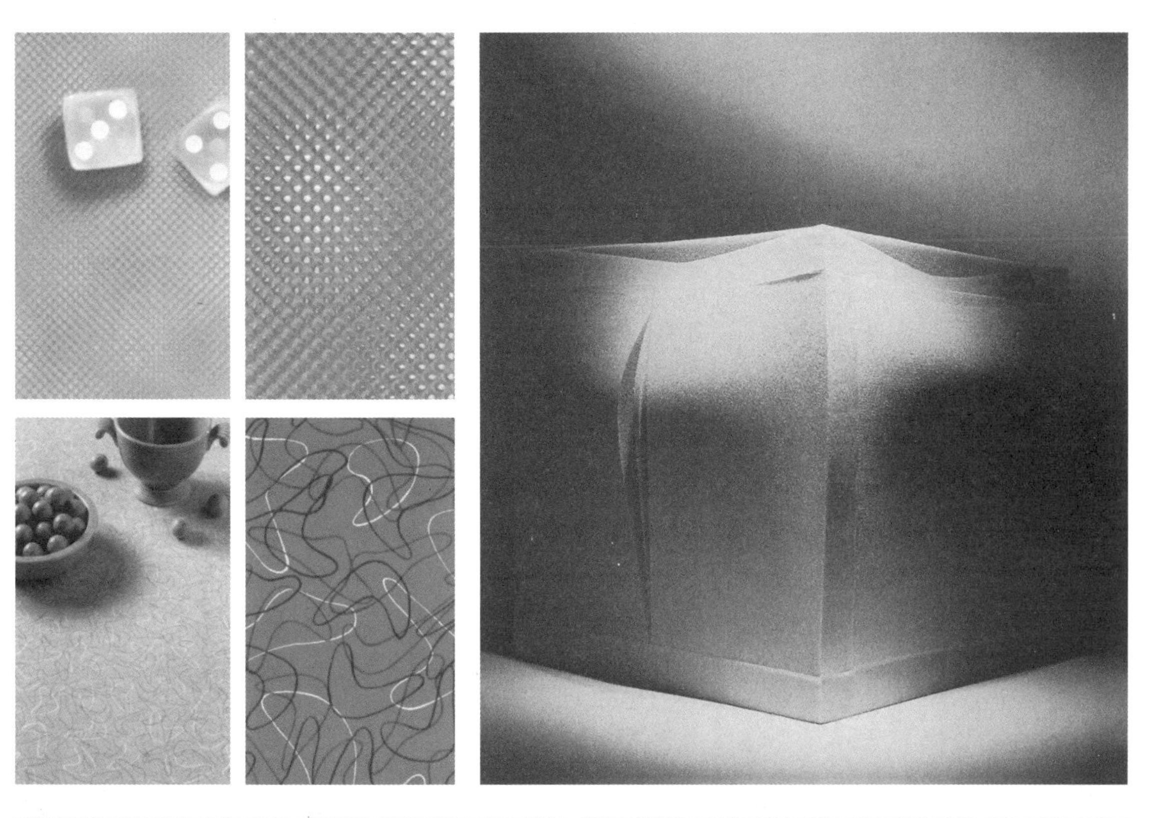

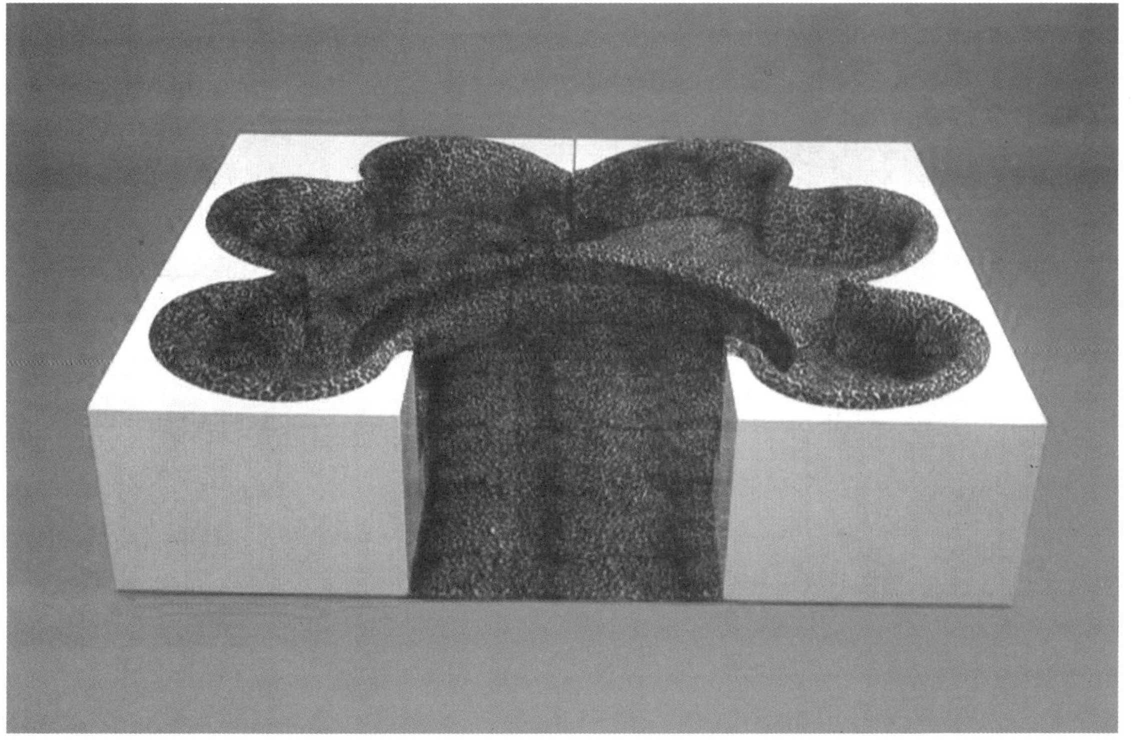

图 6-8　这些图形代表着生活中可见到的女性形体的某一局部，或一盘青豆，或一束花朵的形状等均象征点、线元素，并可以抽取纯化为设计语言

图 6-9 居室空间的整体色调

图 6-10 儿童房间多具有明亮、鲜艳的色彩

图 6-11 书房

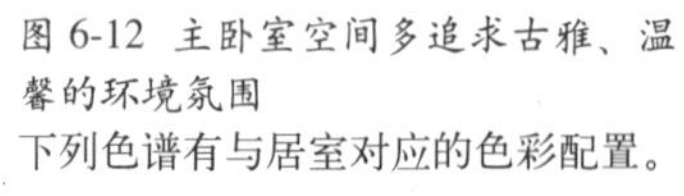

图 6-12 主卧室空间多追求古雅、温馨的环境氛围

下列色谱有与居室对应的色彩配置。

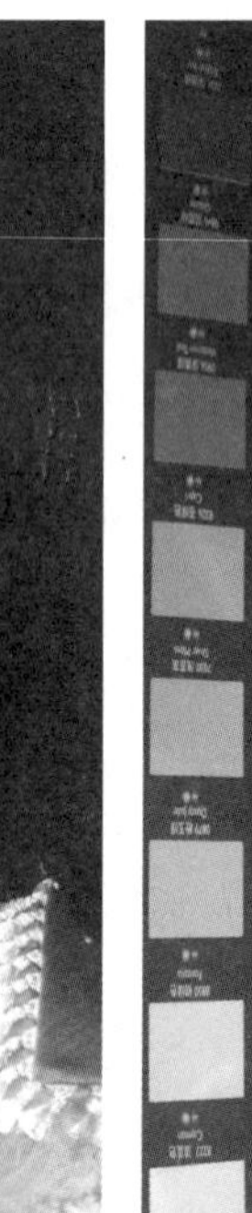

6.3 语构与材料（肌理、美感）（图 6-13 ～图 6-21）

材料是实现物质产品的基本保证，古往今来的设计师们都善于运用他们熟知或可以利用的材料，古人多用实木，现代人多用人工材料，如有机材料、金属材料等,这也因此使古代与现代产品的形态与物质美产生差异与变化（图6–13 ～图 6–21），它们之间的关系是相互因果的，有物质、肌理的联结，也有美感、观念的整合与渗入。

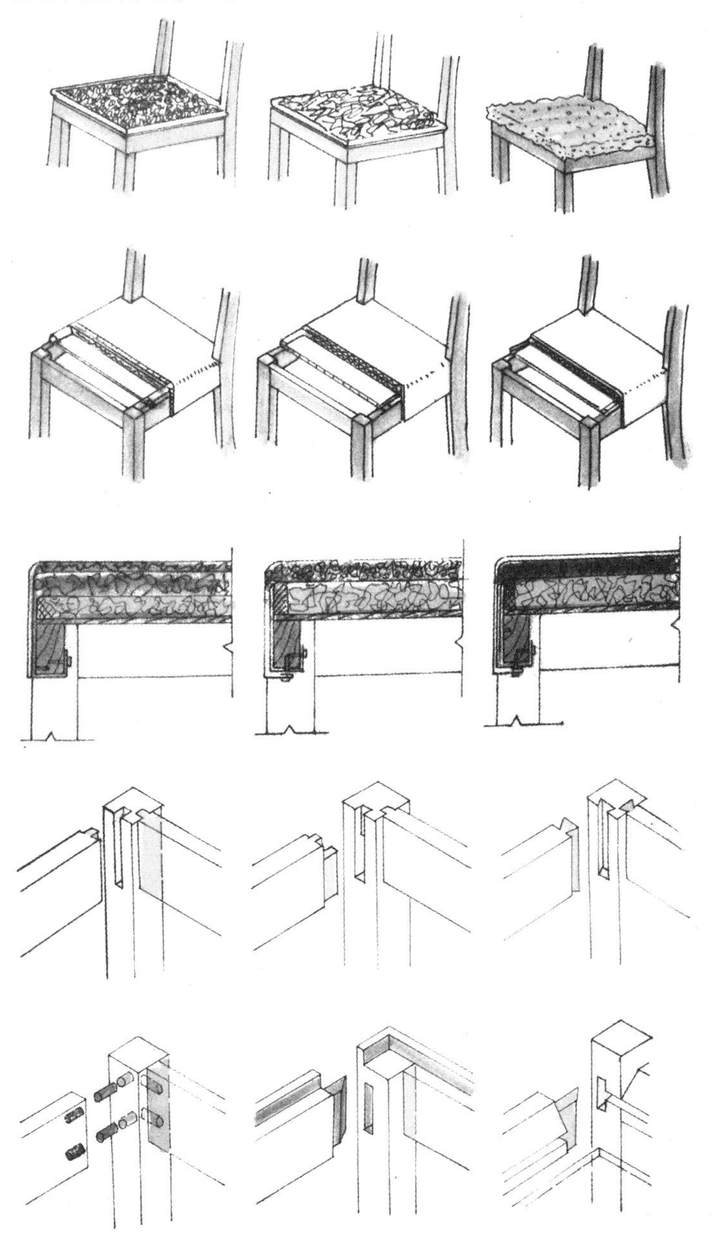

图 6-13 不同材料制作的家具
图 6-14 不同结构方式的连接形状

图 6-15　由丹麦，汉斯·韦格纳 Hans Wegner（1914～）设计的现代椅

图 6-16　古代木制家具（明式玫瑰椅）

构件与装配

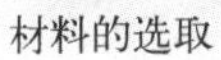

材料的选取

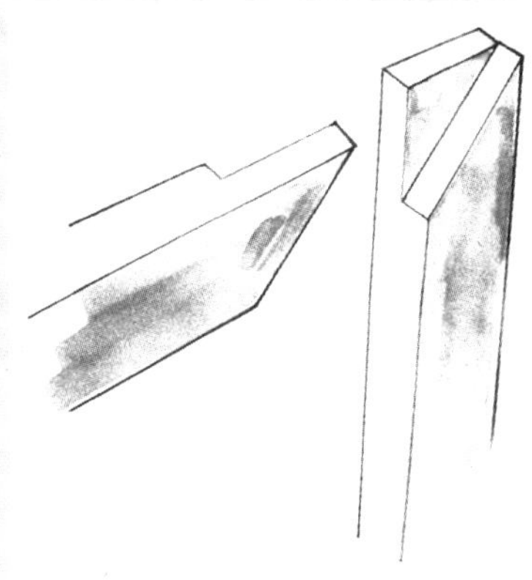

连接方式、结构与配料

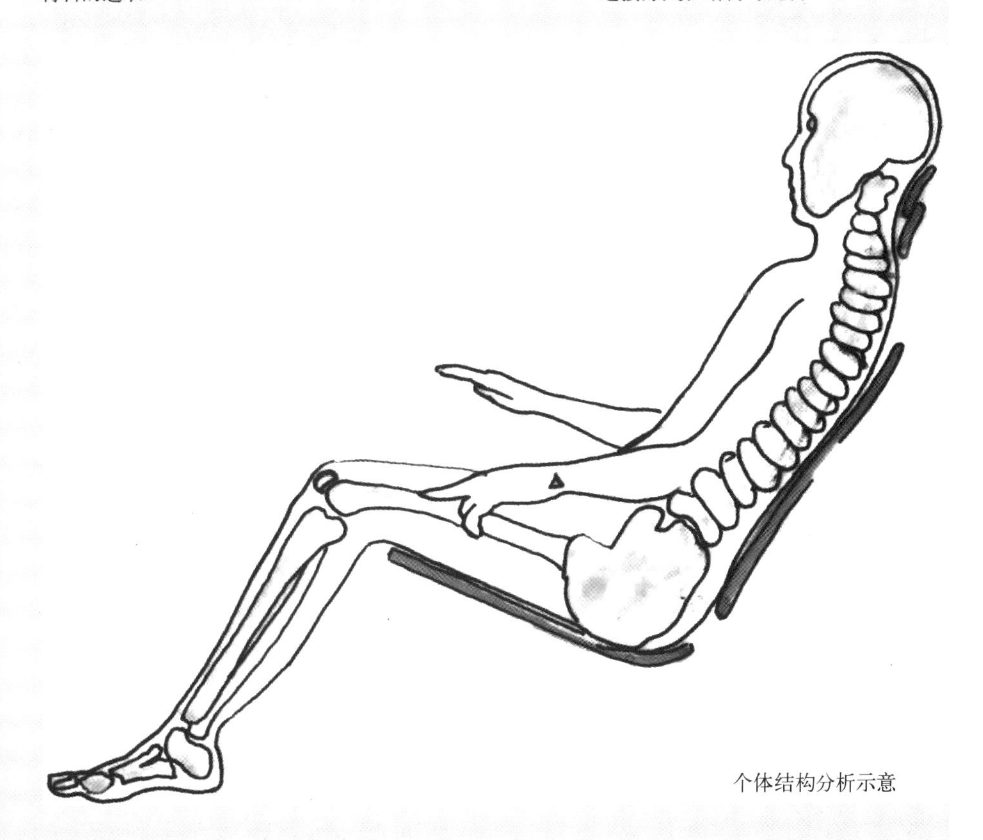

个体结构分析示意

图 6-17　材料转化为家具的过程

从原木材料的选取、切割并转化为设计意图的结构配料，最后装配或着漆，这是一个完整的过程。

现代家具与古代家具都重视五金配件的功能设置，并也视之为装饰的组成元素。而现代家具还依靠新五金产品连接结构与拓展功能，这是语构的细部因素。

图 6-18　金属材料椅

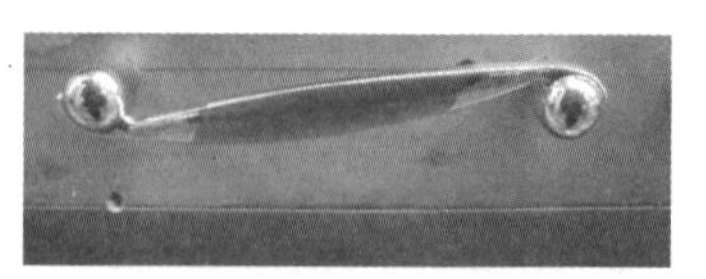

图 6-19　现代家具中的五金配件组成语构的细部功能与形式的亮点

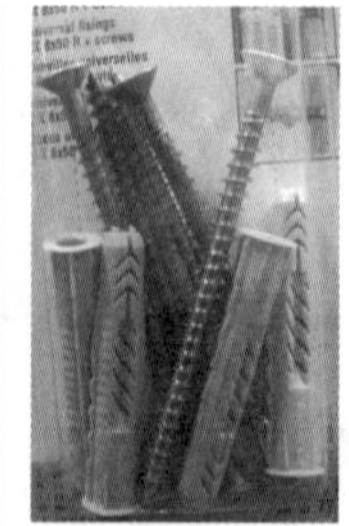

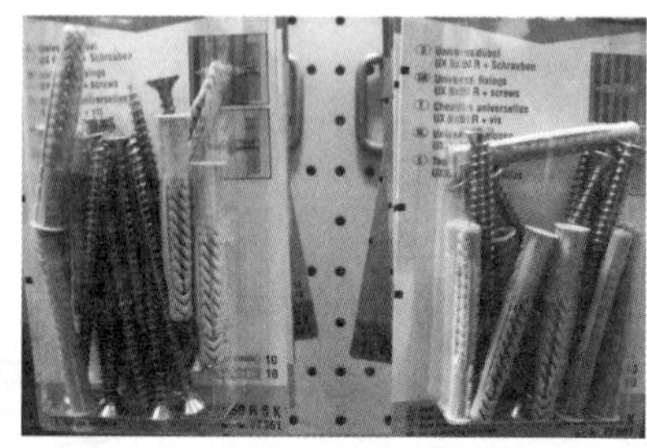

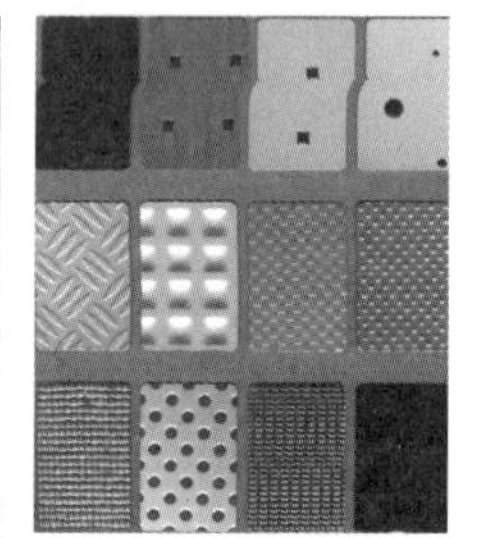

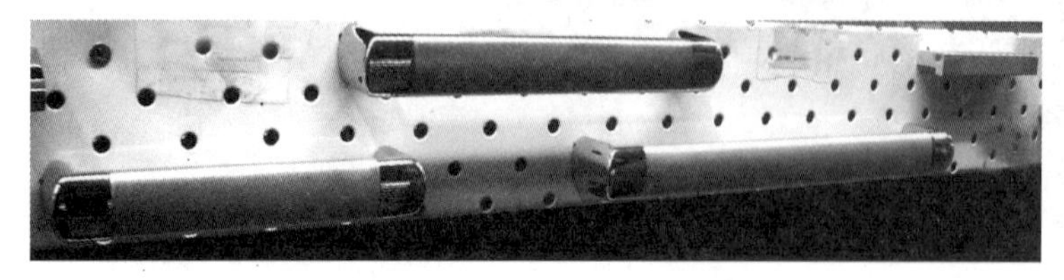

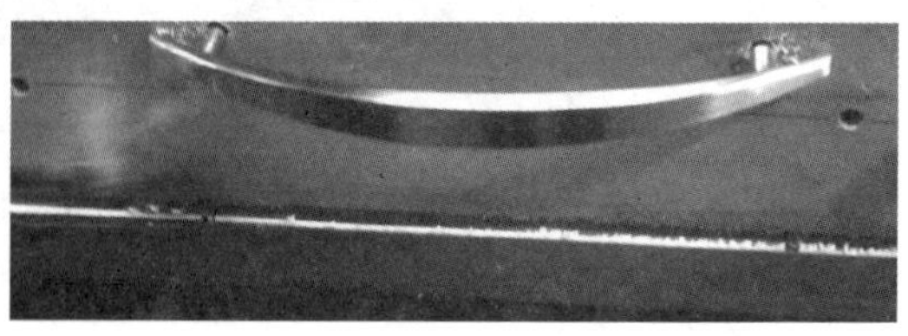

语构与材料是指在实现设计成品前的思维过程并最终采用的措施，比如如何发挥材料的特性，如何将材料与工艺方法加以结合，最终使材料最大程度地转化其形态，并使其成为最和谐、最完美的造物。如红木、黄花梨、紫檀、酸枝等由于自身的硬度和纤维组织和本色的特点，为工艺加工、雕刻提供了别样木材不可能替代的、特有的美感与个性，这是一个值得细致品味的设计思维与方法。

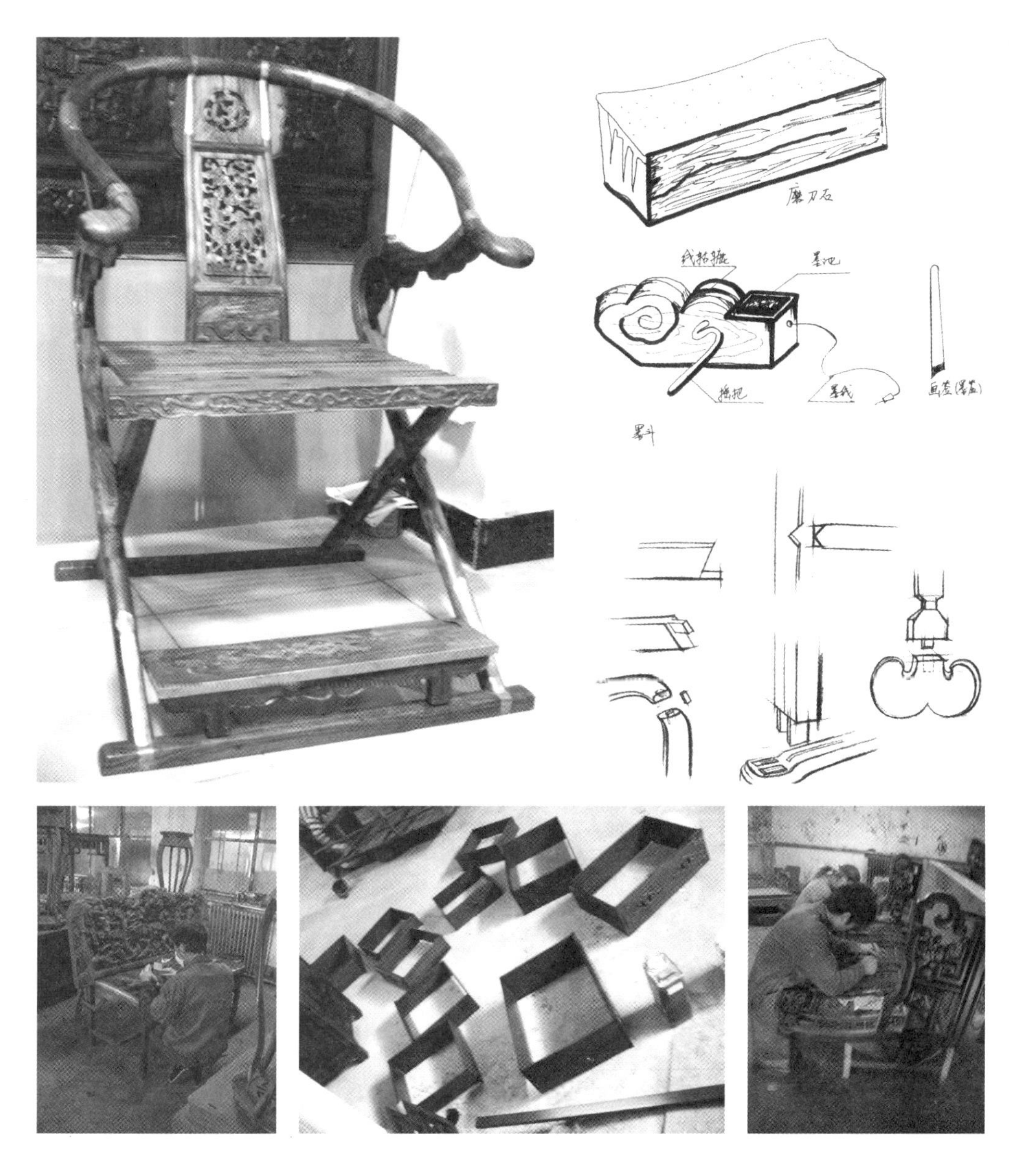

图6-20　明式交椅的细部构件及制作过程也体现语构语言细部的巧妙构建

图 6-21　明式扶手椅的细部构件与加工流程

思考与练习

1. 简述语构与材料的关系，并画三至五张草图。
2. 简述符号在设计中的功效。

第7章

陈设中的综合因素

第 7 章 陈设中的综合因素

家具与陈设在居室空间中是一个互动的系统，既有功能补充的要素又有完善居室空间的审美功效，以及体现人的行动的多样化方式，如工作、学习、休闲、娱乐等。其语意拓展既包括类别上的拓展，也包括创意精神的延伸，最终更好地服务于人。

7.1 陈设中的语意扩展

按社会生活类型和典型的工作、生活环境对所使用的家具进行分类，主要有以下两大类。

1. 民用家具

包括卧室家具、起居室家具、书房家具、餐厅家具、厨房家具、儿童家具等。

2. 公用家具

包括旅馆家具、办公家具、图书馆家具、学校家具、影剧院和体育馆家具、医院家具、幼儿园家具、展览馆家具、商业家具等。

创意的延伸关键在于统一中求变化，它是适用于各种艺术创作的一个普遍法则，同时也是自然界客观存在的一个普遍规律。

单调的形式是不完整和不完美的，单调意味着失去节奏，对于家具而言，由于人们坐的方式及审美个性的多样化，以及其功能与材料的不同，导致了形体的多样性，因此控制整体与局部关系的点、线、面、色彩、材料、功能和形态便成为设计的关键。

古往今来，家具造型、色彩和风格会成为室内空间环境创造的第一步，并以此展开了人居空间的情境，单纯、丰富、和谐、贴切是它的永恒词（图 7–1 ～图 7–3），是设计师追求的至高境界。

图 7-1 家具的设置会影响室内空间环境的氛围

图 7-2　古代家具营造的意境

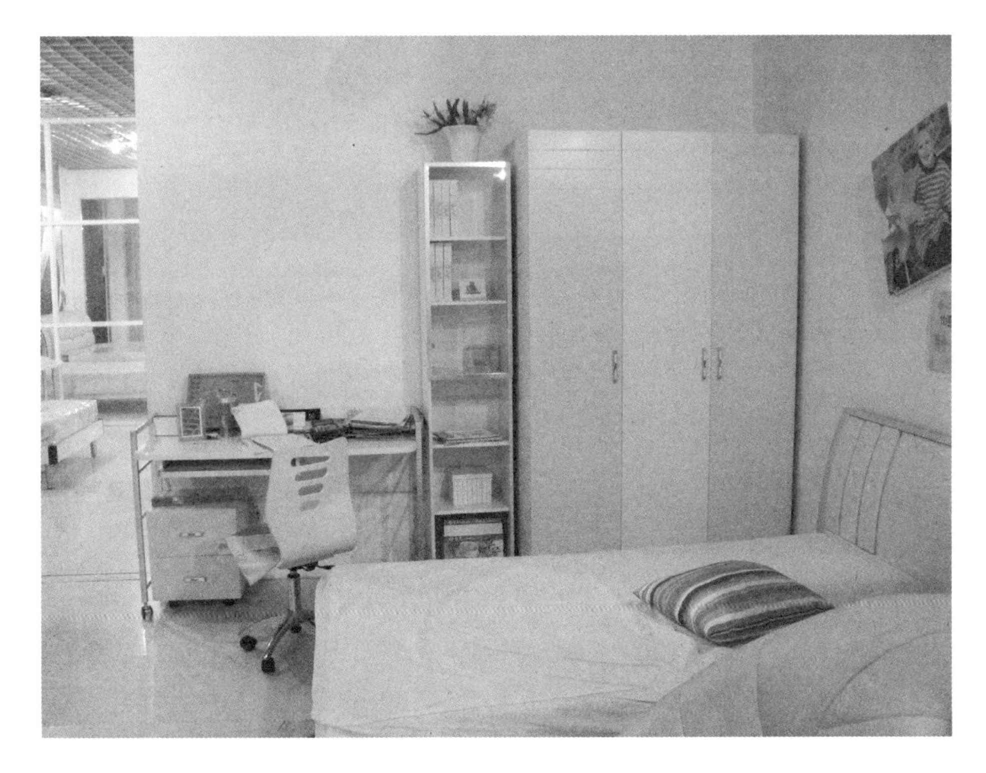
图 7-3　现代家居空间环境

7.2　陈设中语意统一

人的行为过程在生活中的每一动作都占据着空间，并为语意空间、陈设空间提供依据。

陈设中的语意统一意味着：

(1) 人的活动习惯与家具形态、空间色调相和谐（图 7–4）;

(2) 家具的元素、形态及家具之间风格的统一（图 7–5）;

(3) 家具之间各部分细节形状和色彩的相似或近似，以获得整体系统中的统一（图 7–6 ～图 7–9）。

图 7-4 日本料理馆室内空间环境
图 7-5 人的行为受到空间的制约和影响

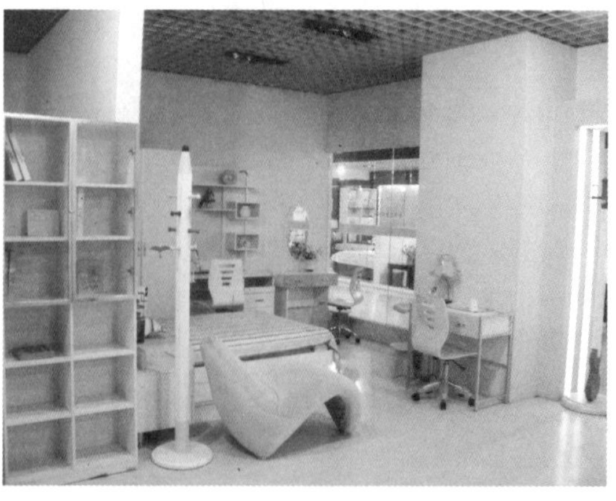

图 7-6 统一应用的家具元素，如有机自由形的沙发、带万向轮的写字背靠椅、衣帽架调和与对比了几何书架、写字桌等
这样的有机形设计出的新情境中的儿童房十分和谐，更是情感的和谐

图 7-7 不同的家具形态适用于不同的使用人群，如幼儿园、主卧间的空间陈设是不尽相同的

大学公共食堂的家具造型、色调设制、桌面的卡通形象及水果色的鲜活等均体现年轻人的朝气

图 7-8 水果色的鲜美、馨香与公用食堂的隐喻情感、人气、功能、味觉等和谐统一

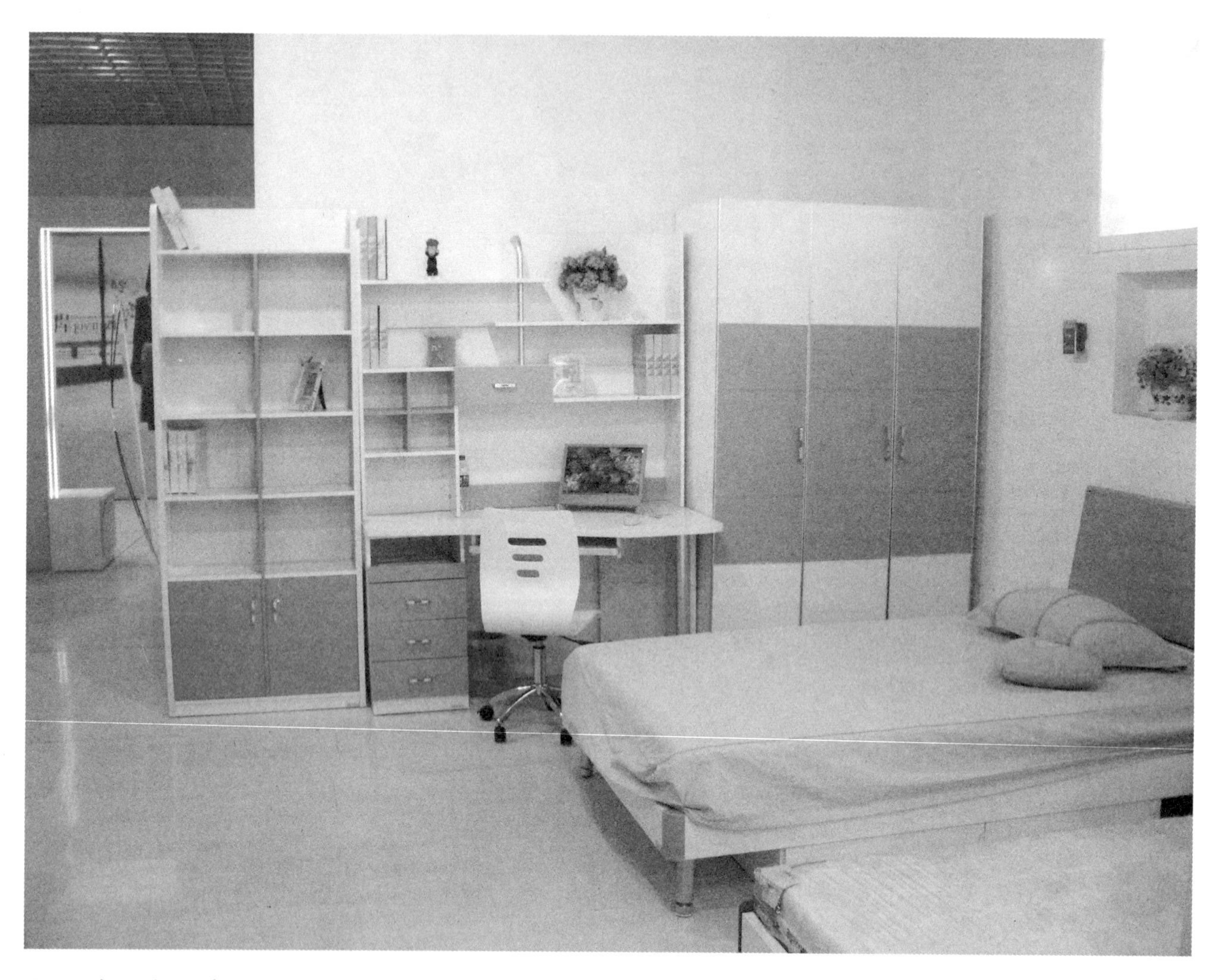

图 7-9 家具的材质、颜色，代表了功能的需要，如高明度的多彩灰色系及淡雅的色调均体现人对清新生活的向往，并由此得到抚慰与休息

思考与练习

1. 简述陈设中的语意与家具的关系。
2. 简述陈设中语意与色彩、造型的关系。

第8章

创意导引：概念拼合的途径

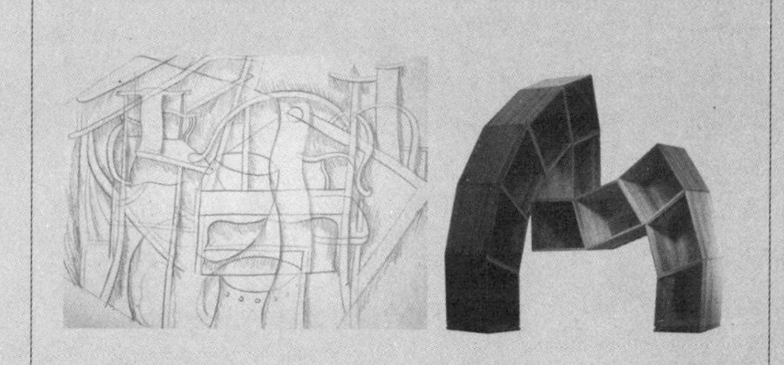

第 8 章　创意导引：概念拼合的途径

这里所说的同宜法是建立在设计过程中所必然遇到的三个要素，一是目标人群的现实分析，二是设计形态的美学应用，三是人机尺度与材料工艺的契合，并以此探寻他们彼此的协调与演化，最终构建一个和谐的、大同的、个性的物质与精神世界。而同宜法正是为了这样一个目标建立的方法学框架（图 8—1）。

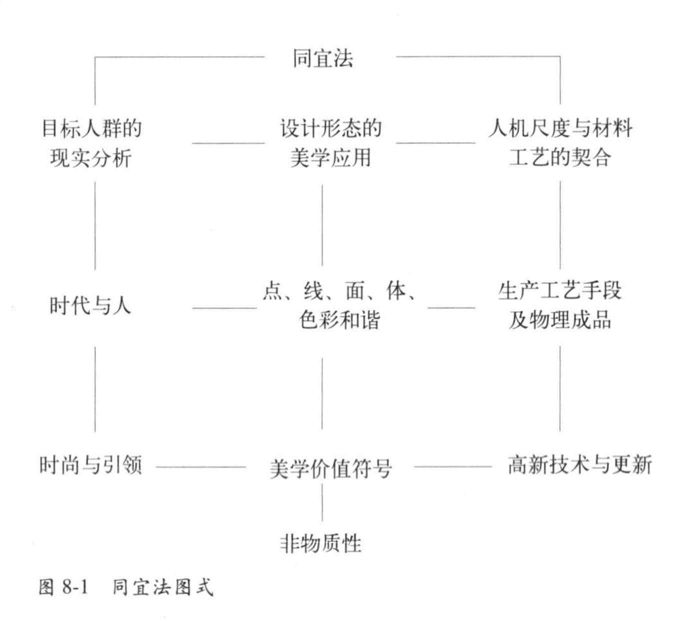

图 8-1　同宜法图式

8.1　同宜法

目标人群是面对现实世界与时代提出的分析研究方法，调研是它的基本工作方式，目的是让设计更好的以人为本。同宜法研究与应用是立足研究点、线、面形式，并导入开放的思维体系中，以产生发散式的创造概念。人机工学与材料是建立在调查研究和预测的前提下加以对策实施的。其中同宜法与设计美学应用是物化设计的统领者。

一件好的家具设计，应该是在造型观念的统领下，实现功能、材料与结构的完美统一。要设计出完美的造型，就需要我们了解和掌握同宜法所涉及的造型的基本要素与构成方法。造型基本要素以点、线、面、体、色彩、材质、肌理与装饰等为切入方式，并遵循有秩序的形式美法则才能创造美的家具设计，构建人们坐的方式、躺的方式和新的造物。其造型要点有以下几个方面。

1. 点

在数学几何学中的点是只有位置而没有形状和大小的抽象概念；在美学中点是有形状大小的，是可视可变的；将两者和谐统一，点就可能成为一个好的设计。当点成为可视的形象表现出来时，就不但有大小而且还是立体的。在造型中，点由于没有固定大小和界限，点便是相对概念，并由其所处的空间环境所决定，点大了即成面，小了即为点。同样大小的点由于所处的空间大小不同，在某种情况下成为点；而在另一种情况下则为面和形体单元，相同的点在一个大的正方形中为点，而在一个小正方形内就有面的感觉了。另外，在形状上对点也并无严格的限制，它可以为圆形、三角形、菱形、星形、正方形、长方形、椭圆形、半圆形、半球形、几何线形、不规则形等，在现代家具设计中对点的应用并不鲜见，但它们都能够被设计师约定在限度尺寸的范围内，赋予其功能因素，成为设计的可用之物。

在家具设计中，柜门或抽屉面上的拉手、锁孔，沙发软垫上的装饰性名扣、泡钉以及家具的五金装饰配件等，相对于整体家具而言，它们都以点的形态特征呈现，是家具造型设计中常用的功能性附件，这些家具正是点的体现，是细节设计的亮点要素。

点还有情感特征，点在空间中起着标明位置和向心作用。单点具有中心效应、肯定效应、无方向性收缩效应，它会引起情感的单向反应。双点具有点之间成线的联想，且两个大小不同的双点会引起多维的情感波动。此外，多点群化组合会产生面的感觉，大小相同的点群化时，还将产生面的多样性并具有均衡和韵律的美感。

2. 线

线可以看成是点移动轨迹的结果，面与面相交也可以显示出线的轮廓与运动。几何学上的线是有长度和单位，而没有宽度和厚度的，而作为造型美学要素的线，在平面上却具有宽度，在空间上也具有粗细、大小、轻重之感。通常人们把长宽相差悬殊的面称之为线，反之则为面。线是以长度和方向为主要特征的，如果缩短线条长度，就会失去线的特征而成为面或点；如果增加其宽度同样会失去线的特征而成为面。线的基本种类可分为直线和曲线。直线包括垂直线、水平线、斜线；曲线包括弧线、抛物线、双曲线、螺旋曲线、椭圆曲线、变径曲线等几何曲线和各种形式的自由曲线等。

通常直线的情感特征给人以严格、单纯、力量的阳刚感觉。垂直线则具有上升、严肃、高耸、端正、庄重和支持感。水平线则具有左右扩展、开阔、平静和安定感。斜线则具有散射、突破、运动、变化及不安定感。另外，曲线因其长度、粗细、形态的不同而给人不同的感觉。有些优雅、愉悦、柔和，它象征女性丰满、圆润的特点，有些则象征自然界美丽的流水、彩云等。弧线或圆弧线有充实饱满之感；而椭圆线还有柔软之感。此外，抛物线具有流线型的速度之感，双曲线则具有对称美的平衡的流动感，螺旋曲线分为等差和等比两种，它们是最富于美感和趣味的曲线，并具有渐变的韵律感。

通常，家具的设计线条与风格语言元素有三类：一是纯直线构成的家具；二是纯曲线构成的家具；三是直线与曲线结合构成的家具。线条体现着家具的造型，不同的线条构成了千变万化的造型式样和风格语言。

3．面

“面”是由线的移动轨迹形成的，也可由点密集而成。线移动的不同轨迹，可以形成不同面的形状；线的排列和交叉点的密集，也可形成不同面的感觉。面形有平面和曲面两大类，在空间中由于体的构成特征不同，就会表现为不同的形式，其主要有几何形和不规则形系列。

⑴ 几何形。形状规则、整齐，具有简洁、明确、秩序的美感，但正方形、三角形、圆形等几何图形在性格上具有各自不同的情感特征。

a．正方形。它由垂直和水平两组线条构成，所以它具有对任何方向都能呈现出安定的秩序感。它象征着坚固、强壮、稳定、静止、正直与庄严，但正方形亦使人产生单调的感觉，在实际运用过程中，可以通过与其配合的其他面或线的变化来克服这一缺陷。

b．三角形。它具有稳定感和变化的特征，当顶角为锐角时，会使人感到一种向上突出的力度感；当其顶角为钝角时，具有一种向下压的力度感；等边三角形给人一种稳定的束缚感；如果三角形倒置或倾斜，就会有一种极度的不安定感。

c．圆形。它具有完满团圆之感，圆形由一条连贯的环形线所构成，具有永恒的运动感，象征着完美与简洁，且有温暖、柔和、愉快的感觉。椭圆也较为明快，具有缓急变化、柔和、温雅的感觉。

d．梯形。它具有良好的稳定感和完美的支持承重效果。

⑵ 不规则形。它具有异化特点。不规则形以其个性化的多样特征，常给人以轻松活泼和自由的感觉。

需知，面形是家具造型设计中的重要构成元素，所有的人造板材都是以面的形态呈现，当有了面的构成，家具才具有实用的功能并构成有特征的形体。在设计中，我们可以灵活恰当地运用各种不同形状、不同方向面的结构组合，以此构成不同风格和丰富多彩的造型。

4. 体

体，是面的移动、旋转或集积而成，是三维空间中的实体。体有几何体和非几何体两大类。几何体有正方体、长方体、圆柱体、圆锥体、三棱体及多棱锥体、球体等；非几何体泛指一切不规则的形体和有机自然，如水果类和土豆等。

通常体的构成语言可分为实体和虚体。

实体，是由块构成或由面围合而成的体。虚体，是由线或线、面混合构成，或由具有开放空间的面构成的体，也称虚空间。虚体按其开放形式的不同又可分为通透型、开放型与隔透型等。

通透型，即用线或面围成的空间，至少有一个方向不加封闭，保持前后或左右贯通的虚体即为通透型，具有灵活的体态特征，如一根空管。

开放型，即盒子式的虚体，保持一个方向无遮挡地向外敞开的态势，如水杯、碗、桶等。

隔透型，即用玻璃等透明材料围合而成的面，在一个或多个方向上具有这种视觉上的开敞型空间也是虚体的一种形式。

体具有情感特征：立体物具有体量感和稳重、安定、耐压及坚固之感。直线状体具有刚直、硬实、明确感；曲线状体具有优雅、柔和、亲切、丰实、轻盈感，而面状体的最大特点是薄与延伸感及充分的力度感。此外，竖直方向的长方体具有垂直方向的性格，它给人以崇高、向上、庄严、雄伟的感觉。另外，水平方向的长方体具有平静、舒展之感，正立方体具有大方、稳重感，球体则具有饱满、亲切之感。

在现代家具设计中，正方体、长方体、球体是采用得最广的，如桌、椅、箱、凳、柜等。在家具中，更多是各种不同形状的立体组合构成的复合形体，并在局部造型中，凹凸、虚实、光影、开合、流动和不对称等手法综合应用，使人们创造出千变万化的造型，极大地满足不同功能的需求。

5. 肌理

系指物体表面的组织构造。这种组织构造具体又细致入微地反映出不同物体的材质差异。它呈现透明的塑料、闪光的金属、自然材料编织和人工合成的布艺、皮革等，充分体现出家具的个性与特征，是物体美感的表现要素。

肌理，主要分为触觉肌理和视觉肌理两大类。触觉肌理是人们用手可以触摸其物体差别的，它既是触觉的，又是视觉的，如粗与细、凹与凸、软与硬、冷与热等，它不仅给人以生理上的感受，还给人以心理上的影响。而视觉肌理是无法通过触摸来感觉的，它是由视觉的感受而引起的触觉经验的联想，从而引起人们对冷、热、软、硬、粗、细等各种心理感觉，如有光与无光、光滑与粗糙、有纹理与无纹理等。粗糙无光会给人以笨重、含蓄、温暖之感，细腻光滑又给人一种轻快、柔和、洁净的感受，质软材料给人一种友善、可爱、诱人的感受，质硬材料又会给人以沉重、挺拔和坚强的感受。

家具设计质感表现，一是从材料本身所具有的天然质感去思考，如木材、玻璃、金属、大理石、藤编、塑料、皮革、织物等；二是由同一种材料的不同加工处理以得到不同的肌理美感。如对木材进行切削加工，可以获得不同的纹理效果；对玻璃采用的加工方式，可以得到镜面玻璃、毛玻璃、雕花玻璃和彩色玻璃等不同艺术效果；在家具造型设计中，其最主要的问题是巧用材料对比的手法获取最生动的造型语言和功能信息。

此外，有肌理的点转化为直线、斜线与几何形在设计中运用得当、变化有致，还能产生丰富的视觉现象和功能，如果再辅以强烈鲜艳的色彩对比更是将设计语言纯化深刻。若做成沙发一定会使少年儿童格外欢喜（图 8–2）。

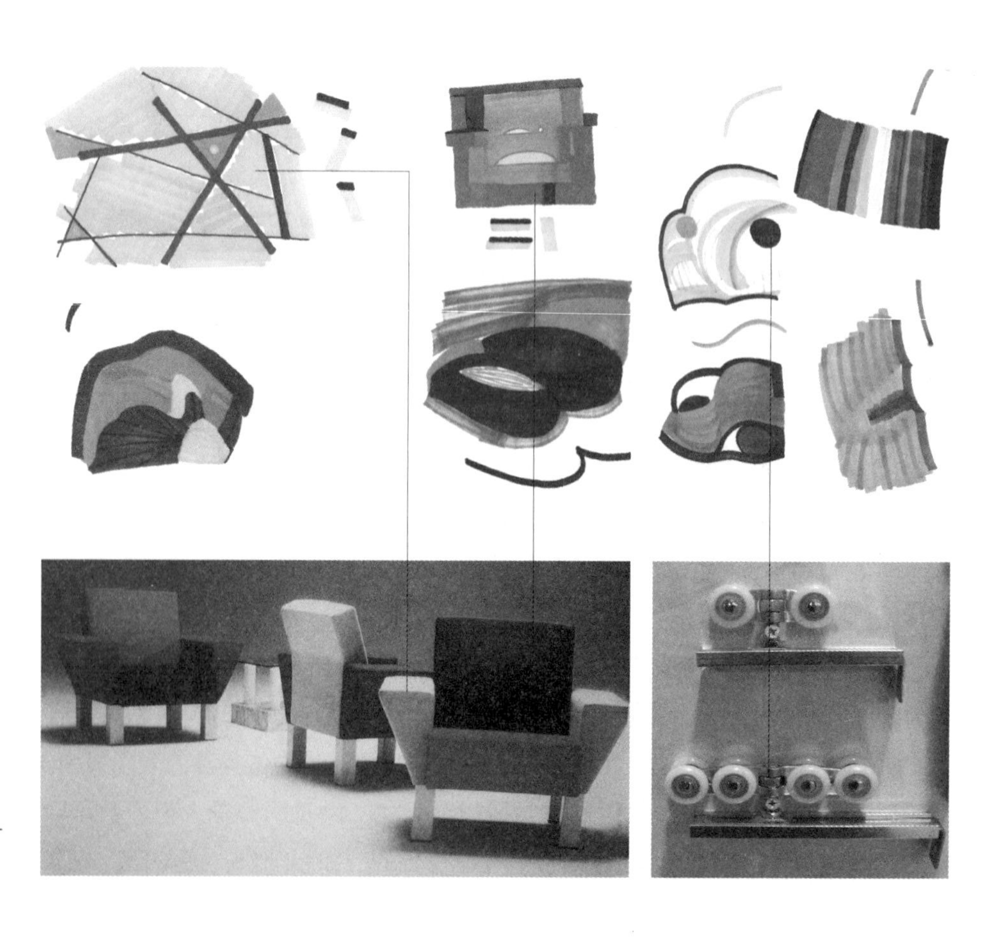

图 8-2　这里的点可以转化为具有实际功能的物品

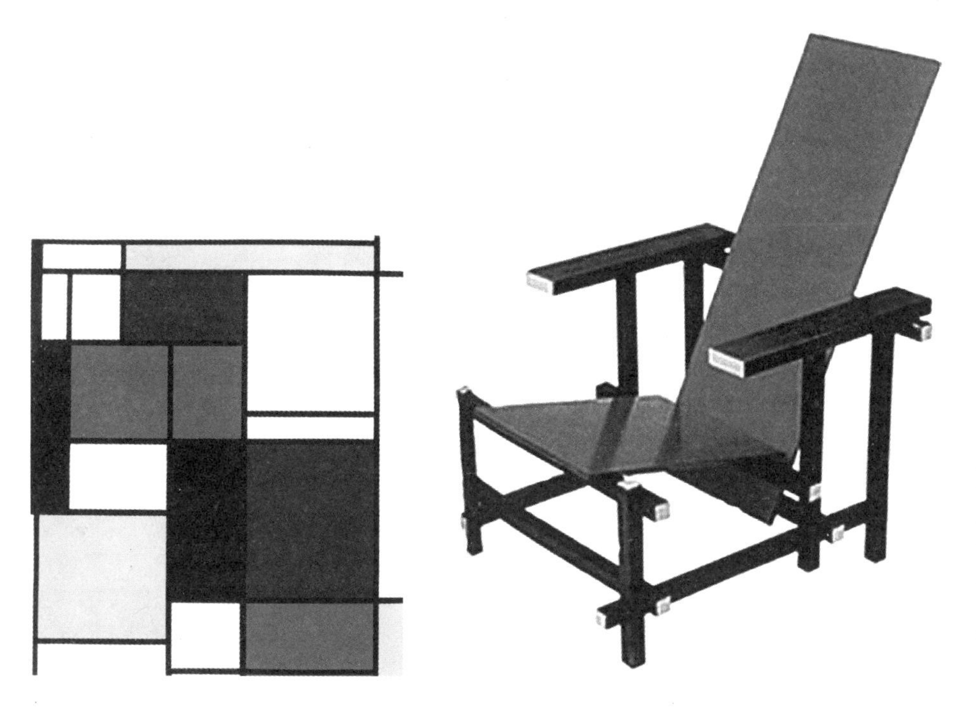

图 8-3　红蓝椅及用色面积分析（荷兰风格派里特维尔德作，1918 年）该作品对色彩的个性与情感的选择和秩序的安排，在特定的网格形中获得简而丰厚的视觉信息，当这种原本来自于艺术的精神和点、线、面的组合在事理导引的调合中一经转化至设计物中，便使设计散发新的语言、新的形态及创造风格

人们还将看出，如图 8–3 系列与 8–4 休闲木椅作比照，其设计形态、功能和空间形与人为创造之间是怎样被分解和纯化联系的，正是点、线、面、团、块、体色彩和肌理语言在设计中的创造性运用所获得的精彩效果。

在这里，点、线围合形成面、团、块、体，并将这些元素导入到设计中，其中的正负空间（图 8–4）性都具有了功能意义和审美价值，而图 8–5 中的休闲椅是最好的正负空间运用，并且，线条这些元素由点运动而来，拓展为设计语言和物理形态，不论是明式椅或是现代椅莫不如此（图 8–5、图 8–6）地彰显。

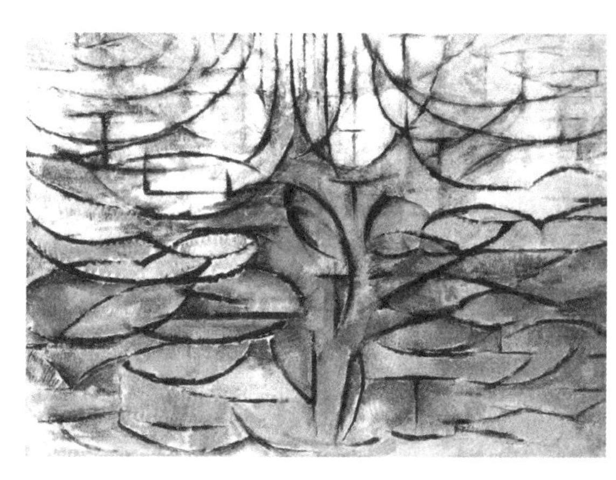

图 8-4　艺术椅
图 8-5　充满自然形态的木椅

王书万 作

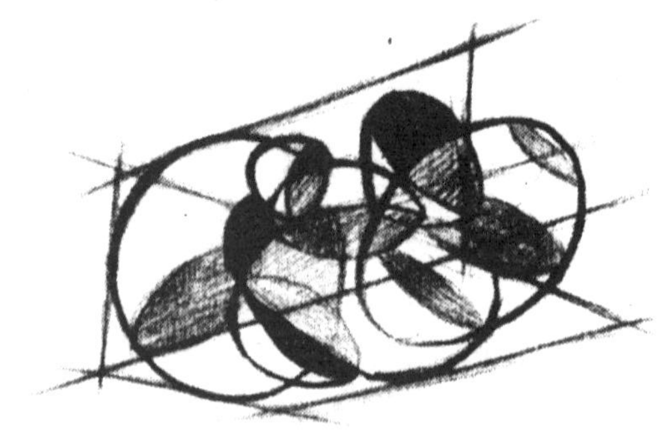

创造形的方法：由抽象线转化为抽象形体是设计形态的基础要素

图 8-6　不同时代、不同民族对线形元素的应用

8.2　事理导引

它的核心是研究造物成因所涉社会生活模型，即事与物之间的各要素即子因素之间的关系，它通过设计师对生活、市场问题的调研与分析，将获取的信息化为知识，由知识升华为新思想、新概念、新方法，进而导入创意甚至发明中。它强调事物的外部众多子因素分析，发现、提炼并引发内部因素的变化，最终依据生活事理过程和人的需求，激发“形而上”的理念，最后实现“形而下”的造物及物种。其中，外部因素是核心，以此激活人们进入发散式思维，使内部和外部因素在客观分析、归纳后，迅速地看清本源，捉住事物与造物的本质，确定终端设计的目标与方案。这是具有独

立价值的应用方法，其内涵丰富的思维密码与非物质设计精神相谐和，实践、发展和丰富了设计符号学，提高了应用价值（图 8–7、图 8–8）。在下列图中可以使人们看出一般的概念，由外部因素促进内部因素的生成，在以点、线、面和仿生形态的启示与调合中获得新的秩序，新的具有原创意义造物，最终实现设计的完满，为人们构建一个崭新使用家具的情境与方式。

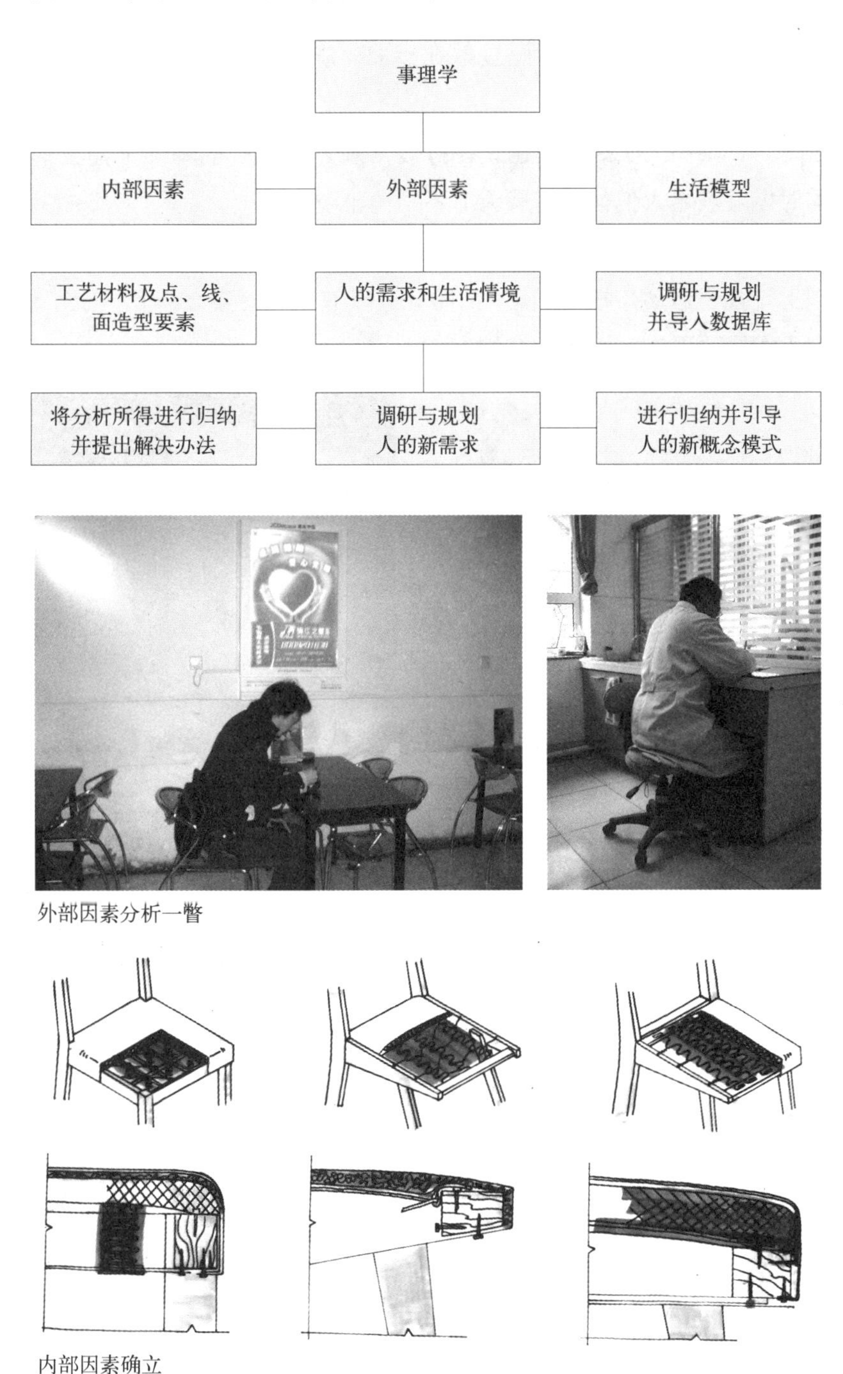

图 8-7　事理学分析图式

图 8-8　外部因素与内部因素的关系

8.3 解构与重构

解构与重构，即将一个事物或形态打散为若干个单元体，通过自由拼接这些单元体或扭曲、旋转、错位这些单元体的全部或局部方式，以此获得新的形态（图 8–9 ～ 8–12）。

图 8–10 中的椅子背靠后腿显然在扭曲、旋转，这样的“表情”是后现代设计的常见形式（图 8–10）。

在图 8–13 中的沙发也是建立在打破常规背靠模式的基础上建立的新形态，同时能够满足人们休闲、聊天时不同的坐姿。

该图均为后现代风格的设计，其采用的设计语言为隐喻的符号特征，整体造型上均置于运动与扭曲状态，如图 8–14a 有山花烂漫之诗意，而图 8–14b 有取自于嘴唇的形态，给人以亲切之感。

图 8-9　重构理念的导入
图 8-10　对解构与重构理念的应用
图 8-11　作品恰好说明了设计师所具有的形态创造方法与才能有效地平衡了设计与抽象形的关系
图 8-12　树干解构后产生新形态，这些新形态经过错位、旋转、倾斜、扭曲、简化、组装，还将产生更多的新形态，以此方法，将会激活设计师的形态与空间想象力

图 8-9

图 8-10

图 8-11

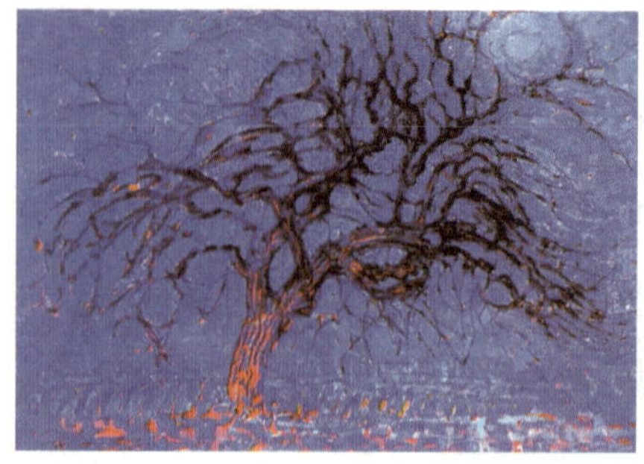

图 8-12a

图 8-12b

图 8-13　对沙发靠背的重构

图 8-14a　具有山花烂漫之诗意

图 8-14b　具有隐喻符号特征的设计

解构原取自立体派，原理是将现实物体各部分分解后重新组合，组合的形式有错位、旋转、嫁接、运动等形式，以此改变现实物体原有的面貌并呈现多姿多彩的形态和散发多样观念的信息。这里的沙发正是基于这样的解构原理，图 8–15 旋转、扭曲成形，图 8–16 旋转、运动兼而有之成形。

图 8-15　运用解构方法，在旋转成形的过程中找到了沙发的形态依据

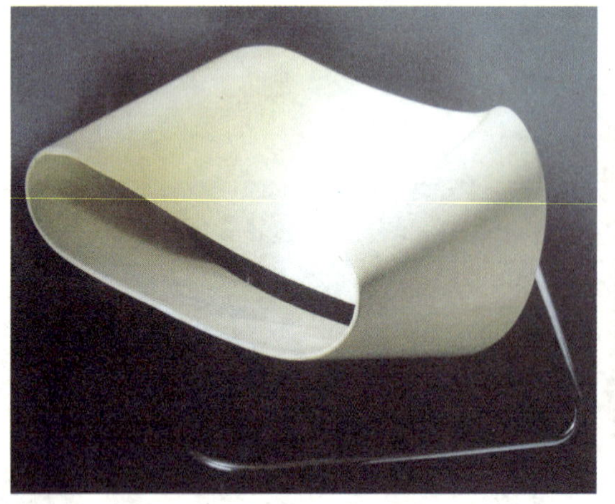

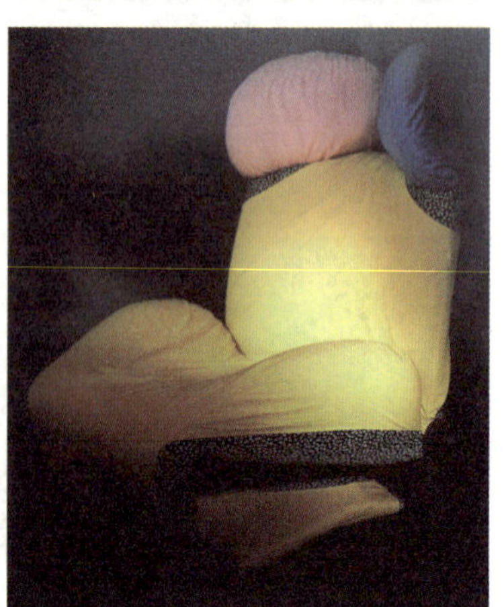

图 8-16　带脚踏的背靠沙发（日本喜田俊行，1983 年）
该沙发、靠椅是运用扭曲、错位的解构与重构法完成的原创活动

8.4　仿生的历程

古往今来，大自然是艺术家、设计师取之不尽、用之不竭的创造源泉。早期先民的艺术感都源于对自然形态的模仿与提炼。自然中的人、动物、植物、海生物、阳光、雨露等，它们的造型与结构，色彩与纹理都呈现出

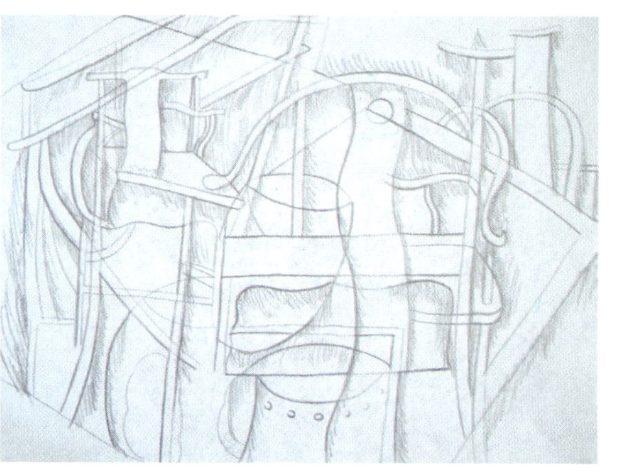

图 8-17　直线的倾斜、错位、破坏是解构方式的又一种形式，以此做为新风格书橱的创造启示
在素描练习中，熟悉解构形与重构形的关系，这样设计素描有助人的思维的开放，并最终作用于设计活动中，这两个画面放在一起说明理念与基础的互动性

多元的、天然的、和谐的美（图 8–17 ～图 8–19）。我国汉代枝形莲灯、明式家具、建筑，古希腊建筑爱奥尼立柱都是仿生的杰作。现代家具设计在遵循人体工学原则的前提下，借助于自然界的人或动物、植物的某些原理或特征，并运用仿生与模拟的手法，提炼形态，导入家具具体的造型与功能中，进行创造性地设计与提炼，使家具造型显现出文脉、情感与趣味和生动、鲜明的个性符号特征，让人们在使用与观赏中产生美好的联想和情感的共鸣，最终提升家具的附加值。

图 8-18　这种家具是解构形与重构形的集中反映，所不同的是，它更具建筑感与雕塑感，在错位中发展空间的远近、闭合、开启等语言，它改变了我们对常规家具的一贯认识，它还改变和增添了我们使用的乐趣和亲和感

泥泥狗

汉代莲灯

图 8-19 中国古代与民间的家具（包括家用陈设用品）设计即具有明显的仿生特征

模拟与仿生的共同之处就在于模仿与升华并存，前者主要是模仿事物的某种形象或暗示某种思想情绪；而后者重点是模仿某种自然物合理存在的功能原理，它们构成了语义、语用、语构符号，并用以改进产品的形象、性能与结构。

模拟产生新形态，模拟是较为直接地模仿自然形象或通过具体的事物来隐喻、暗示、折射某种思想感情。这种感情的形成需要通过视觉联想这一心理过程来获得由一种事物到另一种事物的思维推移与呼应。

在仿生与模拟设计中，常见的模拟手法有以下三种：一是在局部装饰上的模拟。主要表现在家具的某些功能构件与节点，如支撑构件中的脚架、床头板、椅子背靠、扶手等。有时也是附加的装饰，其中有对人体、动物和植物的模仿。二是在整体造型上的模拟，把家具的外形塑造为某一形式。这种形式的模仿可以是具体的，也可以是抽象的，或可以介于两者之间。模仿的对象可以是动物的某个器官，也可以是人体的某一部分，如人头、躯干、股、腰、手等，也可以是花卉、植物形象。三是在家具的表面装饰过程中进行图案的描绘或点缀。这种模拟形式可以获得符号功能。

仿生是一门边缘学科，是美学、生命科学与工程技术科学互相渗透、调和的一门新兴学科。仿生设计是从生物学的现存形态受到启发，然后在理念和抽象的基础上进行联想、美化、整合并应用于产品设计的结构与形态里。这是人类社会与大自然相协调、相吻合的设计理论，开创了现代设计的新领域。如球面壳体家具既是设计师应用龟壳、贝壳、蛋壳的原理，又是采用现

图 8-20　明代官帽椅

代制造技术、材料和工艺的新成果。自 20 世纪 60 年代以来，意大利、丹麦、芬兰、美国、英国、法国等国的设计师已设计了许多奇特、多样的壳体家具。现代层压板家具、玻璃钢成形家具、塑料压模家具都是仿生壳体结构在现代设计中的广泛应用与体现。运用它会使我们更睿智，更好地为现代人的需求和生活方式服务。

明代的官帽椅正是取自于官帽的姿容形态（图 8–20）。这是生活形态的启示，也是精神、权力、身份的隐喻，它给人以高贵、端庄、祥和之感，可见，设计的形态包含着文化的内涵。

现代设计中的有机形态与符号取自于人形躯干、小鸟、小狗之类的生物体，以彰显形态的生命力（图 8–21 ～图 8–24）。

图 8-21　仿生椅

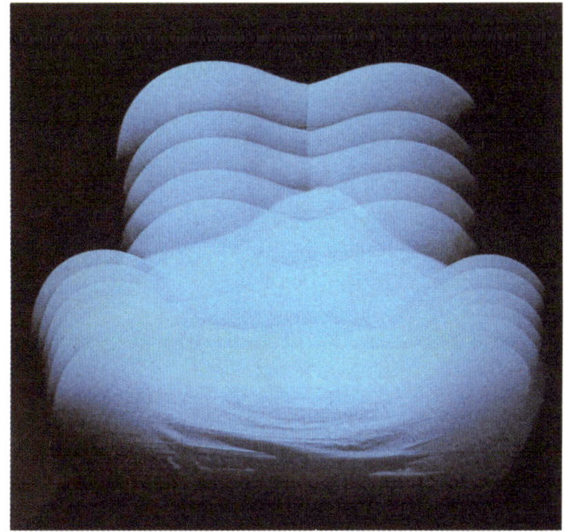

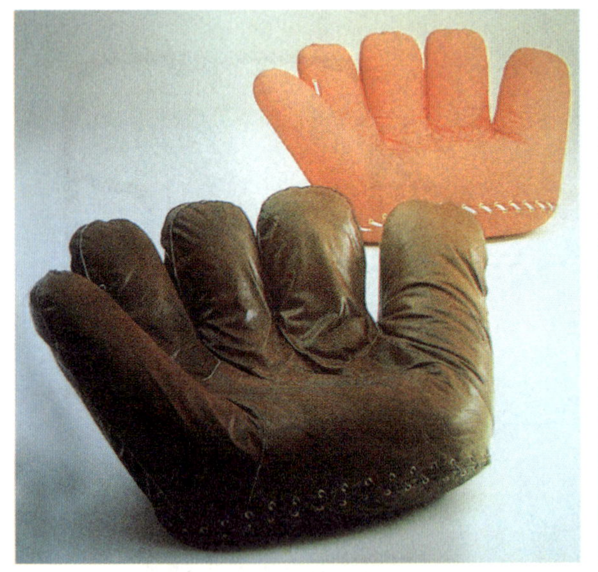

图 8-22 具有小鸟形态的座椅
三名意大利设计师合作设计吉奥纳坦·德·帕斯（Jonathan De Pas）、多纳托·都·阿比诺（Donato Dí Urbino）和保罗·罗梅茨（Paolo Lomazzi）1967 年

图 8-23 具有人手掌仿生形态的沙发，它如同有力的手掌在托起承载物，使设计多了些许幽默的品味，也多了人情味

这里的符号都与人手指的形态、表情有关，它使居室内的家具与陈设在形态和色彩上都暗示了主人的激情、教养和品位。

对符号的应用，它取自于人物或人的五官以及自然中的各类能够引起人联想的图形，将其转化到家具设计中，既有整体外形的引入也有细节的设置，它使功能形态丰富了许多，这也是我们所说的非物质美学价值所在。它是物质的，又使物质赋予了新的含义。

居室陈设中的家具与厨房用品，在形态、功能、色彩上，趋向有秩序、

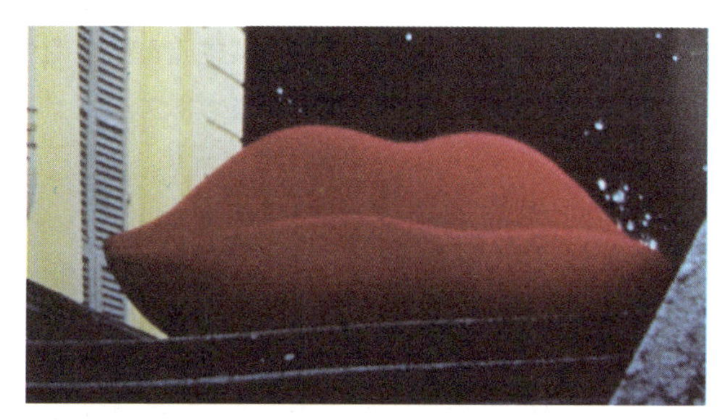

图 8-24　具有嘴唇形态的家具
沃伦·普拉特纳（Warren Platner）
1966年作

有诗意的情境美，这便是仿生的综合体，如灯光、道具的渲染、家具的形态、居室空间的流动与分割，宛如大自然丰富的情境美。

8.5 游戏与实现

将线的曲直、长短、快慢、大小、轻重、疏密、粗细组合与分布，巧妙地转化到可用形态造物中，与基本的人、机契合，这也是同宜法研究的内容之一（图 8–25、图 8–26）。

极简的几何构成，辅以强烈的色彩或微量的同类色对比，会使人感受到宁静和高品质的生活情调（图 8–27）。

线的造型流畅且充满动感（图 8–28），线若扩大膨胀，形态会显得非常具有磁性张力（图 8–29 ～图 8–33）。

图 8-25 该图选自意大利后现代设计年鉴

图 8-26 该作品注入一个概念，雕塑般的灯、壁挂装置，显示一种全新感受

图 8-27 硬边艺术概念与柔软的织物拼合在一件件家具造型中，为室内空间增添了理性与感性的鲜明氛围

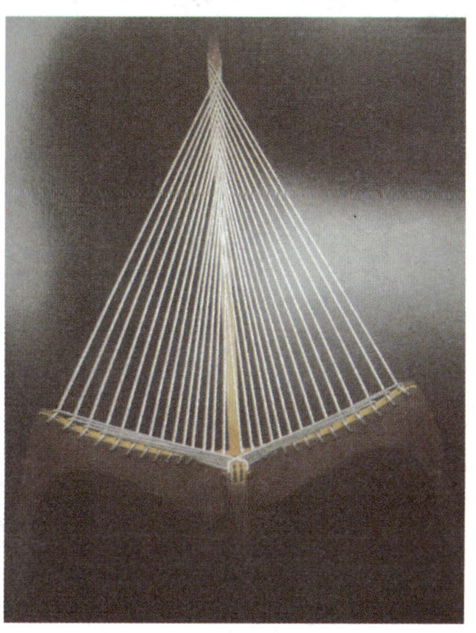

图 8-28 让现代物质材料和自然材料对话，还要与人对话，它可能是游戏或幽默
丹麦 维纳·潘东（Verner Panton 1926 ~ 1998）

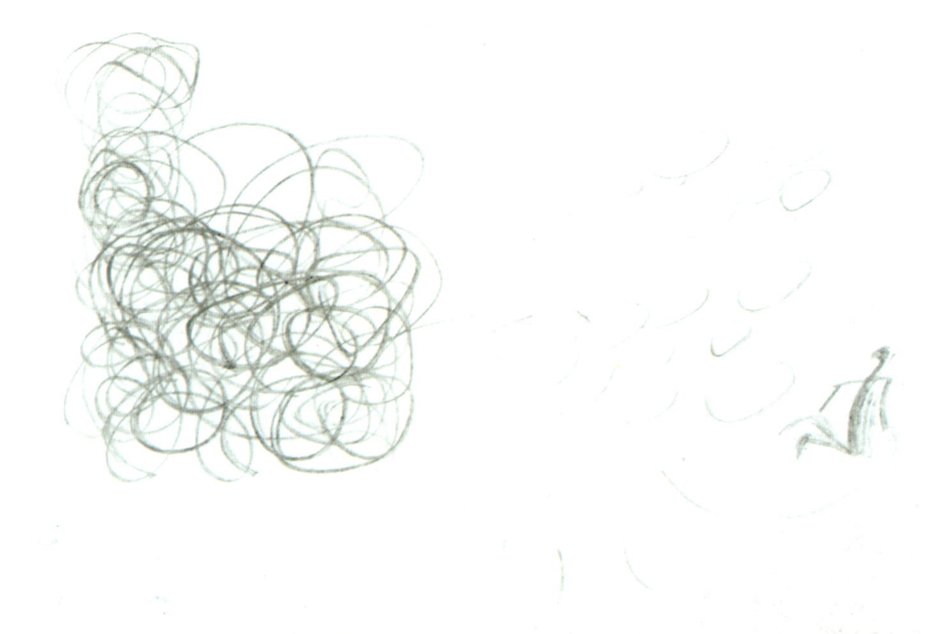

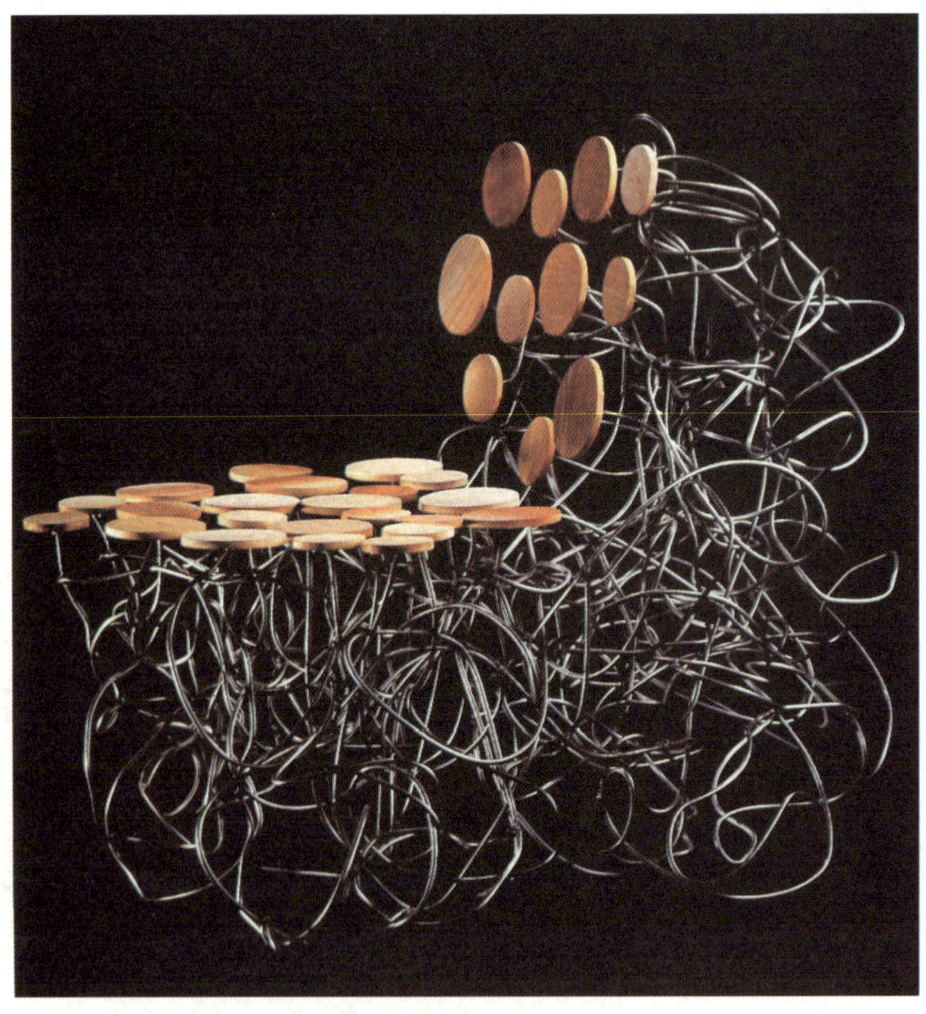

图 8-29　线的组合形态，在仿生历程中，在自然中，我们可以观察与之相似的植物生长特点，正是这样，它启发和提升了我们的高情感，并巧用于设计中

图 8-30　简洁的几何形家具营造了高品质的生活情调

图 8-31　线形要素的应用

图 8-32　膨胀的线体充满了张力

图 8-33　怪形椅

现代材料的综合应用与调侃式的设计语言都使形态与功能产生新涵义（图8–34）。

透明的设计语言与该作品表面的鱼鳞般结构，极大地丰富了沙发语汇（图8–35）。

图8-34　现代材料对家具的诠释 Module 400系列 法国罗杰·达隆 1966年

图8-35 “月亮真高啊”沙发（仓右四郎1986年作）

图 8-36　扭动的带式造型椅子
图 8-37　椅子的重构，加入了宗教中的图形
图 8-38　你是否联想到了鸡蛋和蛋黄呢

罗伯特 · 文丘里所做的椅子是文脉、符号在解构与重构中建立起来的，该作品创作于 1972 年（图 8–36、图 8–37、图 8–38）。

有空洞的可坐的、可躺的形态与立柜或隔断有机的统一成整体，并导入居室空间中，这正是将负形空间转化为有功能的非物质形态的例证。

方硬的几何家具与数字化图像、文脉融于一体，显现出新的陈设语境（图 8–39）。

图 8-39　人性化场景中的空间陈设

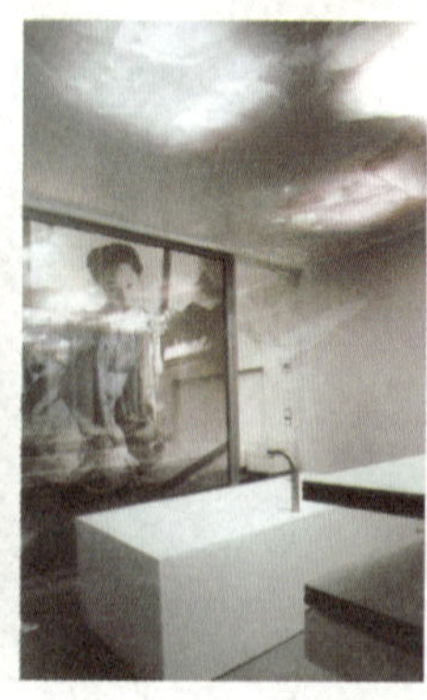

从生活的点滴事物中，联想、联觉到另一个事物，这过程本身就具有游戏的快感。例如由一件大衣的外套、领口、带皱褶的不稳定形态引发的联想而设计出的圈形靠椅。由枕头、俄罗斯大咧吧引发的解构风格的椅子。

对透明有机材料和实木两种媒介的思考，改良明式家具不失为一种有价值的探索，它既节省实木材料，又丰富了语汇（图 8-40）。它使人们看见当代设计是如何创意和变化的，而解构与重构正是这样，将一个意识、理念整合到另一个理念中，不断创造新的理念和非物质的产品，让其呈现出美好的家具和带给人们新的生活方式（图 8-41）。实现这一点，我们应以更加开阔的胸怀和战胜自己的勇气，勇敢地步入一个概念拼合的和再创造的自由王国，做自己的精神领袖。

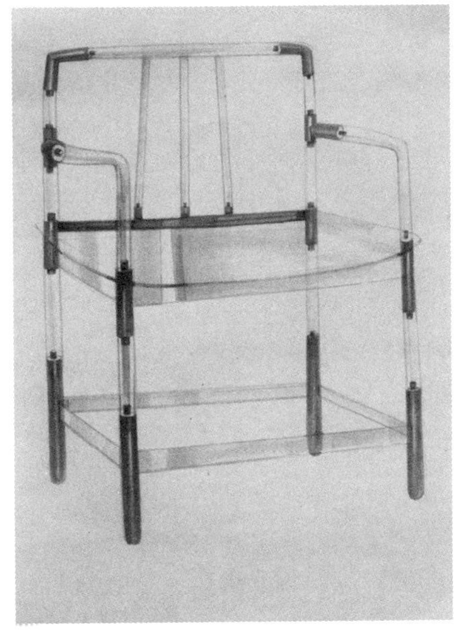

图 8-40　利用有机材料改良明式家具

图 8-41　抽取衣饰细节转化为椅子的基本形态

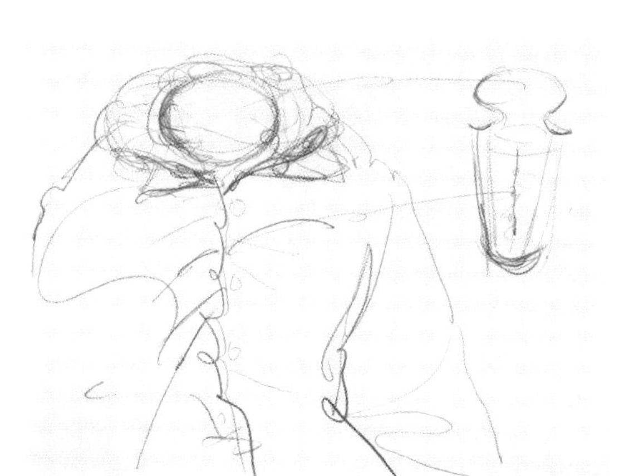

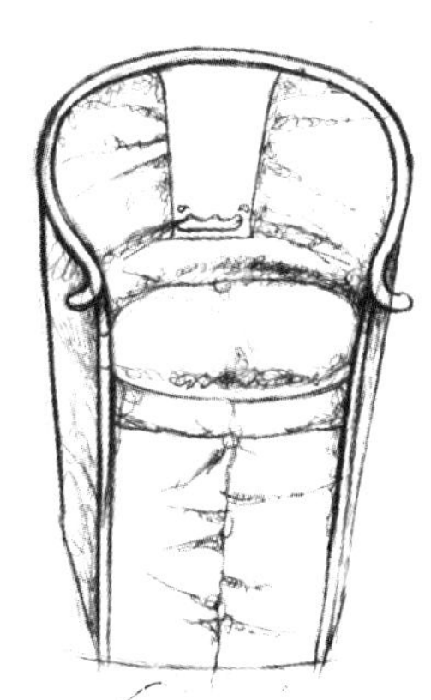

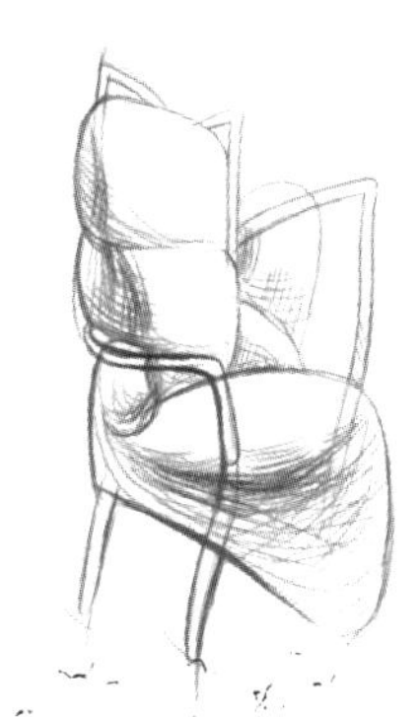

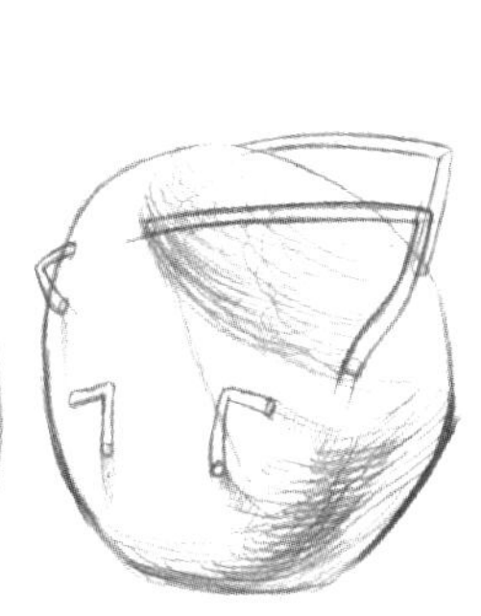

思考与练习

1. 用解构与重构的方法创作 10 张创意草图，设计主题任选。
2. 运用仿生的观念作五张设计草图，设计主题任选。

后 记

本书的内容在 2000 年业已形成，说来已历时七年了。在我国，对于家具设计的研究源远流长，卓有建树的专家学者亦不少。但是，在我国设计教育界，尚少有人将传统与现代的资源加以整合与创新，这也就为本书提供了亟待探索的空间。需知，这样做又必须以读图分析的方式加以贯通，以强调思维方法和视觉理解的方式进行阐述。当下，不仅仅是我们面临着前所未遇的数字时代，更主要的是我们的学术研究方法没有以设计艺术自身的规律出发和以认知心理学为基础的方式进行通盘规划、考量。作者尝试让读者在读图体验与限量文字的导引下学会思考。

2006 年，我在清华大学美术学院做访问学者，这更加速了我完成此书的愿望，因为我国设计教育很需要在这个领域能有更多的人来探索，期望让更多的学生和青年教师们更加了解我国的非物质设计文化与现代设计发展的潮流，并努力地运用于设计实践和教学中。

感谢清华大学美术学院柳冠中、杜大恺两位博导的支持、校阅与帮助。感谢北方工业大学校领导的支持与关怀。

参考文献

[1] S.C.REZNIKOFF.INTERIOR GRAPHIC AND DESIGN STANDARDS.NEW YORK：WHITNEY LIBRAPY OF DESIGN,1986.

[2] FRANCIS D.K.CHING,DALE E.MILLER，HOME RENOVATION．NEW YORK．VNR INC,1983.

[3] WENDY W.STAEBLER.ARCHITECTURAL DETAILING IN CONTRACT INTERIORS．BUTTER WORTH ARCHITECTURE,1988.

[4] 张绮曼主编．环境艺术设计与理论．北京：中国建筑工业出版社，1996.

[5] 远藤武著．室内家具装饰法．日本：工业图书株式会社，1978.

[6] 张道一著．考工记注译．西安：陕西人民出版社，2004.

[7] 杨裕富著．设计的文化基础：设计、符号、沟通．台北：亚太图书公司，1998.

[8] 大冢长四郎著．藤工艺．日本：诚文堂新光社，How to Build Modern Furniture U．S．A，1976

[9] 田家青著．明清家具制作与收藏鉴赏．北京：文物出版社，2004.

[10]（法）马克·第亚尼著．非物质社会．滕守尧译，成都：四川人民出版社，2005.

[11]（美）鲁道夫·阿恩海姆著．视觉思维．成都：四川人民出版社，2005.

[12] 康定斯基著．康定斯基论点线面．北京：人民大学出版社，2005.

[13] 梁启凡编著．家具设计学．北京：中国轻工业出版社，2000.

[14] 张绮曼，郑曙旸编著．室内设计资料集．北京：中国建筑工业出版社，1991.

[15] [美]罗伯特·文丘里著．建筑的复杂性与矛盾性．周卜颐译．北京：中国建筑工业出版社，1991.

[16] [美]约翰·O·西蒙兹著．景观设计学．俞孔坚，王志芳，孙鹏译．北京：中国建筑工业出版社，2000.

[17] 柳冠中编著．事理学论纲．长沙：中南大学出版社，2006.